CHRONICALLY AMERICAN

Thomas L. Lenz

Chronically American

Our Evolution Towards Chronic Illness and Our Radical Way Forward

Chronically American: Our Evolution Towards Chronic Illness and Our Radical Way Forward

By: Thomas L. Lenz

Lulu Press, Inc. Morrisville, North Carolina

ISBN: 978-1-79479-004-9 (paperback)
ISBN: 978-1-79479-021-6 (e-book)

Printed in the United States of America

Disclaimer: Because of the dynamic nature of the internet, any web addresses or links contained in this book may have changed since the publication and may no longer be valid. The views expressed in this work are solely those of the author and do not necessarily reflect the views of the publisher.

To Grandma Alice
who always knew

CONTENTS

INTRODUCTION

In 2008, I was working with an employer-based wellness program that aimed to decrease the risk for cardiovascular disease in employees who already had developed risk factors for heart disease such as high blood pressure, high cholesterol, obesity, and diabetes. Employees could join the program at no cost and could remain in the program for as long as they wished. One of the only stipulations was that they needed to visit with me once a month. The purpose of our visits was to monitor blood pressure, medication usage, adherence to healthy lifestyle behavior changes, and to gather other biometric information to make sure they were on track with their health improvement goals. The program was (and still is) a great experience. This is mostly due to the relationships that developed with the people participating in the program.

On one particular day, I was visiting with a gentleman who was in the program because of his current diagnoses of high blood pressure, high cholesterol, and obesity. We had been meeting for about a year, so we knew each other quite well by this time. Before he arrived for the meeting, I was expecting a "business as usual" thirty-minute visit like the others we had had over the past year. But, what he shared with me that day changed my outlook on "health" and changed the trajectory of my career.

When the gentlemen first came to the meeting room, we exchanged pleasantries as always. But then he said to me, "I have figured it out!" After asking what he meant by that, he said, "I have figured out the real reason for my health issues." As one could imagine, I was eager for him to tell me more. I remember leaning forward in my chair to focus on what he was about to say. To my surprise, his answer was simply, "I am lonely." I didn't know what to say. The only thing I remember doing was slumping back into my chair in silence. In all my years of training to understand disease processes and proper patient care, I was ill-prepared for "I am lonely."

And, to this day, it was probably the single most important moment of my career. It caused me to look deeper into chronic disease and the people whom it consumes in a whole new way. If the root cause of this gentlemen's chronic illnesses were outside the box of biomedicalism and reductionistic thinking, what similar root causes were others experiencing?

Modern life in America (and for most of the West) is familiar with disease, especially chronic disease. It is common for adults to live with at least one type of illness that persists for long periods, or even a lifetime. Today, most children grow up with parents and grandparents who live with a chronic disease such as obesity, high blood pressure, anxiety, or depression. And, for the first time in modern history, the young people of today may not live as long as their parents due to their risks for chronic illness.[1] The advent of chronic disease is a relatively new phenomenon. As we will see below, the U.S. has experienced a sharp upward trend in the prevalence of chronic illness over the past 50 years. But, as we will also explore, we have been evolving towards this trend for the last 300 years.

Before the Industrial Revolution, most of the illnesses that people of the world experienced were related to infectious diseases.[2] As people migrated from place to place and globalization took hold, diseases that spread from person-to-person were a common cause of death. But, in 1928 the first antibiotic was used in America to combat infectious disease, and we were on our way to using medicine to treat illness and have not looked back since.[3]

With the onset of the Industrial Revolution (about 1760-1840) and the development of new technologies, occupational transitions occurred as Americans in large numbers left their farms for jobs in the city factories. Health issues related to injury rose sharply. But, as the Industrial Revolution progressed into the 20th century, machines took the place of many jobs. American workers became more sedentary, and agricultural practices, including food production, began to change our food supply. As a result of these changes, the post-World War II era ushered in a whole new experience related to health. For the first time in history, the U.S. was experiencing an upward trend in diseases that did not have a short-term fix. The new age of chronic illness had begun.

It may be hard for some Americans to imagine life before chronic illness. A time when obesity, anxiety, and high blood pressure were experienced only by the few rather than the many. A time when television and magazine advertisements were not monopolized by drug companies showcasing their latest medications used to treat chronic illness. But, the prevalence of chronic disease has skyrocketed over the past 100 years, and the healthcare community has been working hard in recent decades to find answers and long-term solutions to subside the rising trends. Despite considerable effort and enormous amounts of money dedicated to research, the upward trends for most chronic illnesses continue to rise.

The pages that follow will explore the many factors that determine the health of an individual (and community). Some of these factors are hiding in plain sight, while others take a bit of digging to uncover. In either case, the root issues that lead to many of the chronic illnesses for so many Americans may simply be the result of "being American." The birth and growth of the United States of America came at a time in world history when tremendous discoveries took place that had a significant influence on the way people made sense of the world. *Chronically American* will explore the time from the birth of our nation to the present day concerning the impact that American ideals have had on our health, and in particular, the development of chronic illness. It will also explore a way forward with solutions to our chronic diseases. These solutions are so radical that they have been hiding in plain sight all along. The American way of life tells us to be perfectionists and critical of the outside world. But, something is missing as this has only led to feelings of mistrust, doubt, fear, anxiety, and chronic stress. To quietly look inward and find the Light that we long to have to guide us is counter-cultural to our over-achieving and over-stimulated American lifestyle. To realize the wholeness and well-being that our inner-self can provide is the journey within the pages that follow.

Chapter 1

OUR PAST AND PRESENT REALITY

Today, chronic illnesses are among the most common and costly health problems in the United States. It is currently estimated that 60% of American adults live with at least one chronic health condition, and 42% live with more than one chronic condition.[4] The Centers for Disease Control and Prevention (CDC) state that chronic illnesses are the leading cause of death and disability in the United States, accounting for approximately 70% of all deaths.[5] Among the top ten causes of death in the U.S., seven are labeled as a chronic illness.[5] Two in particular, heart disease and cancer, account for nearly 46% of all deaths in a given year.[5]

The projected outlook on the prevalence of chronic illness does not look hopeful. The American Heart Association stated in 2010 that nearly 37% of Americans had cardiovascular disease.[6] They predict, however, that by 2030, over 40% of Americans will have some form of the condition.[6] Specifically, high blood pressure, coronary heart disease, heart failure, and stroke are expected to increase by 9.9%, 16.6%, 25%, and 24.9%, respectively.[6]

The notion of having a chronic illness for those Americans who lived before 1960 was much different compared with the experience that most Americans have today. Conditions like obesity and diabetes seem to be commonplace now and almost part of the American experience. But, this was not always the case. From a biomedical perspective, diabetes is a metabolic disorder that develops from a lack of insulin getting to the cells and manifests in high blood sugar levels.[7] One of the most significant factors influencing diabetes, however, is obesity.[8] People who have diabetes are more than twice as likely to have depression compared to those without diabetes.[7] Chronic illnesses such as obesity, diabetes, and depression have repeatedly shown to be linked together and should not be viewed in

---

isolation from the whole nor solely from a biomedical perspective. Doing so often leads to a misunderstanding of the whole picture of the illness, and of the human experience of living with the illness.

The rise in the number of people experiencing obesity is at an all-time high. In 1960 just over 13% of Americans met the definition for a diagnosis of obesity.[9] The prevalence of obesity since this time has steadily risen with the highest peaks occurring from 1980 to 2008.[9] During this time, obesity rates doubled in adults and tripled in children.[9] Currently, the obesity rate in American adults is around 40%.[10] And, if current rates continue, 57% of children today will be obese by the time they are 35 years old.[11]

Diabetes (type 2) is a rapidly growing chronic illness in America. Data from the Centers for Disease Control and Prevention shows that the percentage of Americans who had diabetes in 1958 was only 1%.[12] The prevalence of diabetes has steadily increased since this time and is expected to continue. Recent research shows that the total percentage of Americans who experienced diabetes in 1999 rose to almost 8%.[8] This number increased to over 13% by 2016 with the sharpest increase in prevalence occurring from the mid-1990s through today.[8,12] The percentage of Americans who have diabetes has more than tripled in just the last 20 years. Unfortunately, the prevalence doesn't appear to be slowing. The CDC now predicts that by the year 2050, as many as 33% of Americans could have diabetes.[12] This means that in a period of fewer than 100 years, the percentage of Americans with diabetes will have risen from 1% of the population to one-third of the population.

The chronic illnesses of anxiety and depression are not new to modern times. The first writings about anxiety disorders may have come from Hippocrates where he describes a patient who "thinks that every man observeth him".[13] Hippocrates describes this patient as afraid to be in public because he may "be misused, disgraced, [and] overshoot himself in gestures or speeches."[13] Additionally, in as early as 1621 a book entitled, *The Anatomy of Melancholy* by Robert Burton described what healthcare providers now call social anxiety disorder.[13,14] These references show that anxiety is not a new illness to society. But, new data shows that the prevalence of these conditions is increasing as a result of our modern way of living.[15]

The evolution of modern life presumably makes life more comfortable with the development of new technologies and advancements in other areas. However, the evidence is showing that our way of living in modern times may be leading to increases in anxiety disorders.[15] As globalization took root with the expansion of Europe into the Americas, the movement of people into new lands and the exposure to new people may have led to increased anxiety related to social evaluation. Psychologists have described a phenomenon known as "social evaluative threat" that explains anxieties that develop out of the fear of being socially evaluated by strangers.[16] After the agricultural revolution of 10,000 BC and before the globalization movement, most people remained within their local communities. Cultural and personal expectations were well known among the members of the community, and so the risk of social evaluation was minimal. However, once people began moving to new locations and being among new people and cultures, that risk increased.[16] As the Modern Era has continued with the development of technology, the risk for social evaluation has never been higher. The new and quickly expanding activity of people moving from place to place and discovering new people and cultures (especially now through virtual social media) has led to new levels of anxiety in our modern-day.[16]

The National Institutes of Mental Health (NIMH) reports that over 19% of Americans currently have an anxiety disorder, with over 31% of Americans experiencing an anxiety disorder at some point within their lifetime.[17] The data also show that young adults experience anxiety more so than older adults. The American Academy of Pediatrics reports that anxiety disorders are the most common type of mental health disorder, affecting about 8% of all children and adolescents.[18] The prevalence, however, dramatically increases with age within this population. The NIMH further reports that almost one-third of U.S. teenagers experience an anxiety disorder, with over 8% becoming severely impaired as a result.[17] Additional research shows that the more an individual is connected with social media, the higher the likelihood that they experience anxiety and depression symptoms.[19] When looking at international data, approximately 3.8% of the world's population experiences anxiety with the region of the Americas far outpacing that of the rest of the world in the percentage of the population experiencing anxiety.[20]

DETERMINANTS OF HEALTH

Health is more than what we physically see and feel; it is part of who we are individually and collectively. It not only includes "the whole" of who we are, but also consists of the people, spaces, and things around us. Health is another way to describe wholeness. To be whole is to recognize the connectedness of all things that are included in the whole. And, if we believe that we are somehow connected with all parts of our wholeness and to the world around us, then health is part of that connection, as well. This is a radical and fundamental concept of health and will be discussed in greater detail later. To accept this way of thinking is to allow the broadest notion of what health means. If we are accepting the idea that health is more than a single and separated entity from other factors, then we take the belief that there may be many different but interrelated factors that can affect the health of an individual or community. Much of this book addresses individual health. However, collective community health is just as important of a topic, and many of the concepts presented herein can be applied to either individual health or collective health.

Several scientists have studied the interrelated factors that determine the health of an individual or community. And, although the data collected may not have captured the fullest sense of wholeness, it does give us a starting point to understand the many interrelated and highly variable factors that determine health. The literature published over the previous two decades has generally been consistent and in agreement that five broad categories of factors combine to determine health.[21-33] These categories consist of genes and biology, personal health behaviors, social-environment characteristics (including economics), physical environment, and health services/medical care.[27] Although these broad categories may be shared from person-to-person, the details of "why" and "how" they affect individual people are unique to the people themselves. If one could answer the fundamental question, "What are the foundational factors that make an individual or community healthy or unhealthy?" then a clearer understanding of the root causes of disease comes more into focus.

The relative weight that each factor has on the total health of an individual is an essential consideration for a discussion about the various factors that determine health. Several models have been proposed and tested in this regard, but only a few have been successful at demonstrating a comprehensive look at the factors that determine health.[21-33] Among the earliest model proposed was one by the Department of Health and Human Services, Division of Public Services, in 1980.[21] In this model, the DHHS stated that personal health behaviors account for 50% of the factors that determine health with the remainder coming from the environment, genetics, and medical care (20%, 20%, 10%, respectively).[21] In 2007, Schroeder proposed a model in which personal health behaviors account for 40%, genetics for 30%, and the remainder from social circumstances, health care, and environmental exposure (15%, 10%, 5%, respectively).[31]

More recently, County Health Rankings, a collaboration between the Robert Wood Johnson Foundation and the University of Wisconsin Population Health Institute, has collected health data since 2010 from nearly every county in the United States to determine the health factors.[32] County Health Rankings uses a model based on the following weighted factors: social and economic (40%), personal health behaviors (30%), clinical care (20%), and physical environment (10%).[32] The specific criteria measured in this analysis include education, employment, social and family support, tobacco use, diet and exercise, access and quality of health care, and air/water quality. Genetics are not considered in this model because County Health Rankings believes that genetic factors are neither modifiable nor measurable, "and a program focused on solutions should not consider these factors."[28,32] In 2016, Hood and colleagues set out to analytically evaluate the association between the County Health Ranking's model and the health outcomes composite score and to explain the performance of the model's weighting design at the state level.[34] The results showed general agreement with the model and its weighting scheme. Hood and colleagues concluded that socioeconomic factors accounted for 47% of the factors that determine health, with personal health behaviors affecting 34% of the health outcomes.[34] Clinical care was shown to affect 16% of the outcomes, with the remaining 3% coming from the physical environment.[34]

The factors listed above, regardless of data set, are evidence that we should consider non-biomedical factors when discussing all the elements that determine individual and community health. Including a broader range of factors can move us closer to a more holistic picture of health and one that is more representative of our American way of life. Other examples that could be added to these lists include optimism, self-esteem, a sense of purpose and meaning, a sense of belonging, language and communication capabilities, sexual identification, hobbies and leisure activities, spirituality and religious beliefs, and many others. These factors are difficult to place into the previously defined categories. But, they certainly affect health and should also be considered as we look at the whole.

Viewed together, the three models presented above explain the relative weighting of the factors that determine health and are in general agreement. The factors weighing most heavily come from social spheres (including economic) and personal health behaviors. It should be mentioned, however, that regardless of the weighting of these various factors, each is interconnected and has an influence on the others. The individual categories cannot be viewed without consideration of their relationship with the others. It is the combined effect of the whole that determines the health of an individual or a community, and therefore, several additional factors should be considered.

Other important factors to consider that are not captured in the data above are the changes that have been made to our food supply and consumption preferences coupled with the growth in population that has occurred over the past 150 years. An evolution in food production has taken place ever since the founding of our country. But, it was not until recent times that dramatic changes in our food supply took hold. This is due to many reasons that will be discussed in more detail later, but the relatively rapid growth of the world's population is one significant factor. Looking specifically at the United States, there has been a dramatic growth in population since the birth of our country. In 1790, the population of the U.S. was approximately 3.9 million.[35] This has steadily grown to our current population of about 330 million.[36] The population on the world stage is also dramatically increasing. Although the overall population growth rate of the world has leveled out, the number of people living on planet earth has doubled in just the past 50 years. In 1969 the world population was about 3.6 billion.[37] Today, about 7.5 billion people are living in the world.[37]

These increases in global and domestic population growth have had a significant effect on our food production systems, but so have changes in our food preferences. The increased demand for beef, especially among the affluent has had a significant effect on the global food economy and also the health of our planet. The global economy that is part of our modern life affects the supply and demand needs for food that connects nearly everyone on the planet. On the one hand, there is a sense of responsibility to find more efficient ways to feed the people of the world. And on the other hand, the consumeristic and capitalistic nature of our country looks to this as an opportunity to develop new food types and food sources as a way to profit from the growing demand for food. This has led to the development of foods that are lower in nutritional value, higher in calories, and cheaper to produce and sell. As a result, within the past century we have shifted over half of the food we eat to that which is classified as "ultra" processed.[38] Illnesses such as obesity and diabetes are closely tied to the food we eat, and it should not be viewed as a coincidence that as we switched our food supply, the prevalence of those illnesses began to rise. More on this later.

On the whole, it is easy to see that the prevalence of chronic illness has developed rapidly for the American people over the past two centuries (and especially within the previous 60 years). The factors that determine health are a combination of several interrelated and highly variable circumstances that are unique to each individual and community. The factors that seemingly appear to have the most considerable influence on health are those that are socially and economically related. Because of this, it may be a good idea to look more closely at our American way of life to see if insights can be gained related to chronic illness. Is it possible that the American way of life could be the root cause of our chronic illnesses?

Chapter 2

CHRONIC STRESS

The notion of having stress or being "stressed out" is relatively new in our evolutionary history. It is commonplace now to use the word stress as an adjective to describe how we feel. Most people refer to the concept of stress as something related to psychological or emotional well-being. But, this was not always the case. The term stress was actually borrowed from the field of physics in the 1920s.[39] Stress was initially used to describe the strain that a physical object was subject to by an external force. For example, exerting enough force on a metal object will cause the metal to be stressed. At a certain point, enough stress will cause the metal to bend and break. In the 1920s, Hans Selye, a pioneer in the physiological stress field, used the term stress to describe his observations of patients following surgery.[39] He described them as being under physical stress and suggested that the term stress could be used to define a "non-specific strain on the body caused by irregularities in normal body functions."[39] The physical stress would then cause a pathophysiological stress response in the body by releasing stress hormones that lead to a cascade of additional physical responses. Since the 1920s, the research related to stress has grown considerably. Most scientists and experts now agree that stress is not limited to physical stress, but also includes a psychological element. Interestingly, most people now refer to stress in the psychological and emotional context more so than in the physical sense.

As the concept of stress has evolved over the past century, the idea that stress can last for long periods has become more understood. The emotion of stress has likely always existed in human history, but the notion that stress is a chronic condition is a new and different idea compared to the original understanding described by Selye. The concept of chronic stress is now described as either physical or psychological and can last for weeks, months, or years. Physical stress can be experienced when people undergo long-term treatment for a chronic illness such as pain. Psychological stress, however, appears to be a much broader and more complex type of chronic stress. The reasons for this are related to the diverse causes of stress, most of which are similar to complex social constructs. For example, chronic stress can occur in people experiencing poverty or caring for someone with a complex chronic illness. Other causes include financial burdens, a dysfunctional family situation, unhappy personal relationships, a poor work environment, the continuous management of a chronic illness, caring for an aging parent, loneliness, nighttime work hours, worry about the future, feelings of not being in control of life or a particular situation, political dysfunction at the local and/or national levels, single-parenting, working multiple jobs, and many others. As the complexity of modern life continues to advance, the likelihood of experiencing chronic stress is ever more commonplace in America.

HEALTH EFFECTS OF STRESS

The American Institute of Stress reports that 43% of all adults in America suffer adverse effects due to stress.[40,41] They further state that 80% of all primary care physician office visits are stress-related complaints and disorders.[40,41] Additionally, it is now estimated that up to 85% of all diseases and illnesses may be stress-related, including the chronic conditions of heart disease, cancer, and depression.[40,42] Even though no standard definition of stress exists, researchers have been able to come to some consensus regarding the physiological mechanisms of stress. The complex internal stress processing mechanism in the body is referred to as the hypothalamus-pituitary-adrenal (HPA) system.[40] When stress occurs, the hypothalamic region of the brain releases corticotropin-releasing hormone (CRH). The CRH then stimulates the pituitary gland, releasing a hormone called adrenocorticotropin (ACTH). The ACTH then acts on the adrenal glands to produce epinephrine, norepinephrine, and cortisol. Epinephrine and norepinephrine increase heart rate, blood pressure, myocardial contractility, and narrow arteries to prepare for a flight or fight response. Cortisol is a steroid hormone that is oftentimes

---

referred to as a "stress hormone." Cortisol is involved in the regulation of blood pressure, the management of insulin release to maintain proper blood glucose levels, and is essential for proper immune system functioning.[40] An excessive production of cortisol (i.e., resulting from chronic stress) is associated with immune system depression, impaired wound healing, and many metabolic disorders of the HPA axis such as insulin resistance, obesity, and increased blood pressure.[40] These metabolic disorders can then lead directly to diabetes and cardiovascular disease. One interesting note to make about HPA activity in response to stressors is that it is not consistent across all people. HPA activity is shaped by a person's response to the situation.[42] In other words, two people may be exposed to the same stressor, but have differing levels of HPA activity due to their unique perceptions of the situation. One person may experience high HPA activity, and the other may experience no change or a lowering in HPA activity from the same stimulus.[42] This provides essential information to our understanding of chronic stress. It may not be the situation that causes a person to feel stress, but rather is related to how each person perceives the stressor in their unique way.

THE TELOMERE EFFECT

Recent research now demonstrates that chronic stress can also harm cellular aging.[43-45] At the heart of every cell are a pair of chromosomes that contain the genetic information for the cell. The chromosomes have ends that are coated with a protective sheath of proteins. These ends are called telomeres and can be thought of in the same way as the plastic tips (aglets) at the ends of a shoelace. Just as on a shoelace, telomeres cap the ends and protect the DNA material in the chromosomes from unraveling and leading to cell death. Telomeres have been proven to shorten with each cell division.[46] Depending on how quickly they wear down, telomeres help to determine how fast cells age and when they die. In a recent discovery, scientists have learned that telomeres can also lengthen due to the presence of the enzyme telomerase.[47] Because the ends of our chromosomes can both shorten and lengthen, it is now known that the aging process can be both accelerated and slowed due to the presence of telomerase.[46]

New studies on telomerase show that chronic stress has a negative effect on telomere length.[43-45] Small doses of acute stress have not proven to shorten telomere length but, may help boost cellular health. However, the inability to cope with long-standing chronic stress has been positively linked to shorter telomeres in situations such as long-term caregiving, burnout from job stress, and more serious and traumatic events such as rape, abuse, domestic violence, and prolonged bullying.[47] There is much still to learn about the connections between stress and cellular health. But, the evidence to date demonstrates that chronic stress plays a role in the health of a cell, and consequently the health of the body as a whole.[47]

STRESS AND DIABETES

One example of the effects that stress can have on a chronic illness can be seen in people with diabetes. A great deal of research has been conducted in recent years on the influence of stress relative to the onset and management of diabetes. Both general stressors and specific chronic stressors, such as poor workplace environments, have been shown to increase the risk of developing type 2 diabetes in both men and women.[48-52] Additionally, for people with existing diabetes, stress can make it more challenging to manage the condition.[53] More interestingly, however, is that even the stress that comes with managing the illness of diabetes itself can make diabetes worse.[54,55] Diabetes and depression are also closely linked. People with diabetes are twice as likely to have depression compared to those without diabetes.[56] And the opposite is also true. People who have depression are 60% more likely to develop type 2 diabetes compared to those without depression.[56] Therefore, diabetes can lead to depression, and depression can lead to diabetes, making the management of either condition more challenging.

BURNOUT

In recent years, a related condition to chronic stress is now widely acknowledged as having long-term and negative consequences for many Americans. This condition is commonly referred to as "burnout" and has been associated with several job types and professions. Burnout has been described as "a long-term stress reaction marked by emotional exhaustion, depersonalization, and a lack of sense of personal accomplishment."[57] It has long been thought that work-related stress can be managed by taking a vacation. But, in recent years, employers are finding that leaves are not enough. Work stress combined with life stress, in general, has led some employers to implement flexible work hours, more casual dress, work from home options, and even to allow employees to bring their pets to work. These new policies and workplace culture shifts are hoping to help employees better manage stress, improve happiness and well-being, and lead to higher retention and productivity.

Certain professions are struggling with work-related stress more than others. For example, the burnout rate of physicians is at an all-time high. A 2018 survey reported a burnout rate of 78% among practicing physicians in America.[58] Other studies have shown that physicians-in-training also have high burnout rates.[59] The effects of physician burnout have been associated with adverse outcomes of patients, the healthcare workforce, medical costs, and the health of the individual physician.[59] Other professions with high burnout rates include teachers, social workers, law enforcement officers, and attorneys. Interestingly, the root causes of work-related burnout appear to be similar regardless of profession. For most, work-related burnout is related to the political, cultural, and social structures of the workplace environment. For example, physicians report that the most significant influences leading to burnout include having too many bureaucratic tasks to complete, spending too much time at work, and the increasing computerization of practice (electronic medical records). Other reasons include a lack of control/autonomy, government regulations, and an emphasis on profits over patients.

In each of these examples, "the system" is the cause of the problem. This is leading some to say that "burnout" may be the incorrect description for what is happening to U.S. workers. Instead, it may be better to describe these experiences as "moral injury." When people experience moral injury, they feel mental, emotional, and spiritual distress after "perpetrating, failing to prevent, or bearing witness to acts that transgress deeply held beliefs and expectations."[60] For physicians and other healthcare providers, it can occur from an inability to care for patients in a way they feel is appropriate due to influences from "the system." Others describe this as "structural violence." Regardless of the terms used, it is clear that "the system" within respective professions imposes demands on the worker that are unrealistic or that go against moral values. The result of these "system" imposed demands is chronic stress.

Some feel that a majority of the chronic stress that Americans suffer from is related to the inability to cope with the source of the stress.[61] However, in most cases, the impossibility of the context may be a more accurate explanation for chronic stress. The feeling of hopelessness that many experience when living or working in a situation that causes chronic stress promotes a sense of "being stuck" without the hope of being able to move towards a better situation. This sustains and maintains the stress and allows for it to develop into a chronic condition.

As the information presented above demonstrates, the physiological manifestations of stress may be the actual biomedical cause of many chronic illnesses. But, because the source of chronic stress is many times rooted in social and political constructs, we may want to put our attention towards the cultural issues in America that seem to be the source of the stress. Is it possible that stress is simply part of the American experience and that the American way of life causes the chronic stress that leads to many chronic illnesses? The ensuing chapter is intended to provide a historical perspective on how modern life has developed in the United States and to connect this modern way of living to chronic stress.

CHAPTER 3

A LOOK-BACK

Historians have categorized several periods throughout world history by their commonalities. Looking closely at specific periods or eras can help us understand and appreciate the culture we live in today. In a general sense, historians have divided our history into three broad categories: the Ancient Period (3600BC – 500AD), the Middle Ages (500 – 1500), and the Modern Era (1500 – present). The Modern Era can then be further broken down into the Age of Discovery (15th – 17th century), the Enlightenment Period (18th century), and the Industrial Revolution (18th – 19th centuries). Much development took place in the world during the Modern Era that can help explain how the American culture obtained its distinctive characteristics. Looking more closely at these developments may help us appreciate how our modern way of living is affecting our health and well-being, especially concerning chronic stress.

The Modern Era is arguably the most progressive time in the history of the world. The changes that occurred during this period have reshaped the world and have significantly influenced how we live today. The period began with the Age of Discovery, where globalization connected people from all parts of the world. The networks of communication and exchange that developed during this time connected people and linked societies in ways not experienced at any timepoint in history. Most notably was the expansion of countries in Europe to the Americas. This expansion created the first global economy and consequently influenced politics and culture on both sides of the Atlantic. This vast expansion with all its economic, political, and social influence was shaping a new nation in the Americas - one that was looking for an identity in this new era of modern living. A few of the specific ideals that shaped America included efficient bureaucratic states, complex systems of communication and economic exchange, and human interactions that favored people with wealth and power – each of which has had some influence on the health of Americans.[62]

THE HISTORY OF SCIENCE AND HEALTH

Viewing the origin of chronic illness, both from a science-based biomedical viewpoint and from a social experience, is an essential part of exploring the evolution of chronic illness. Although our understanding of chronic illness is continually improving, our initial understanding of health as Americans originated purely from a science perspective. Exploring our roots in science can help us better understand why we have historically viewed health from a strictly science-based perspective.

Ptolemy was a Greek astronomer and geographer in the second century A.D. During his time, he developed a philosophy that the earth was the stationary center of the universe and that all planets rotated around the earth in concentric orbits. People believed that God put the earth, sun, and planets into motion at the beginning of time.[63] The primary discourse to explain the world throughout these years was a theologically-based faith in God. It was God who created the world, God who controlled the happenings and changes in the world, and God who will control the future. The geocentric view of the cosmos, or the Ptolemaic worldview, lasted until the end of the Middle Ages when astronomers discovered that the earth was not the center of the universe. This discovery significantly changed how people made sense of the world. It was a major shift in thinking and is a hallmark characteristic of the beginning of the next period in history, the Modern Era. And, as we shall later discuss, this shift in how people came to understand God as transcendent continues to significantly influence our health today.

Nicolaus Copernicus, a Polish mathematician and astronomer, is credited with the discovery in the early 16th century that the earth was not the center of the universe. In his book, *On the Revolution of the Celestial Spheres*, he outlined his new and radical ideas, and with them, history marked the beginning of the Scientific Revolution.[63,64] Copernicus laid out a philosophy that used science to argue that planets orbited the sun rather than the earth. Later, a German astronomer and mathematician named Johannes Kepler provided the laws of planetary motion to show that it was not God who moved the planets around the sun, but physics.[64] He argued that the forces that came from the sun caused the planets to move in a particular pattern around it. It was not a matter of theology, but of science. Kepler's work also provided a foundation for Isaac Newton's theory of universal gravitation. Newton's book *Principia Mathematica*, published in 1687, was significant to the Scientific Revolution because, in it, he argued that the universe operated like a huge machine. The universe simply followed the laws of science.[64]

Before Copernicus, Kepler, and Newton, people believed that God placed the earth at the center of the universe and that God controlled all things from that center. The physical and the spiritual (body and soul) were connected. Scientists were now using physics and math to show otherwise. Science was the new explanatory model for why things happen. The rise of the Enlightenment period continued to use and develop science to explain the basis of life. No longer were the physical body and spiritual soul connected.[63] Science was used to describe the physical body, and God was used to explain the spiritual soul. Because modern science brought with it an understanding of space and the physical occurrences of life, the role of God diminished in the Modern Era.[63(p.10)] Additionally, philosophers such as René Descartes wrestled with this new way of thinking and "sought to rescue God from the clutches of a changing world."[63(p.11)] Descartes argued that humans were at the center of all things by famously stating, "I think; therefore, I am." Rather than bringing God back into the fold of the developing science-based world, his work ironically widened the gap even further.[63(p.12)] Descartes's "mechanical philosophy," as it is often called, created a disconnect between God and the human body. God was associated with consciousness, and science was associated with the "inert stuff" of life without connection to one another.[63(p.12)] Further still, as science continued to evolve, scientists were able to push forward with the notion that because the physical world (and therefore science) did not contain God, there was not a moral risk to science-based experiments and the advancements of discovery. As argued by theologian and scientist Ilia Delio, Cartesian philosophy artificially separated humans from God, and with this separation came a loss of transcendence."[63(p.12)] This loss of transcendence is essential for our understanding of chronic stress and illness because it does not allow for wholeness - which can only come when humans are connected with the Transcendent. This topic will be discussed in much greater detail later as it is at the heart of what it means to experience well-being.

MODERNITY

During the waning decades of the Middle Ages, countries such as Portugal, Spain, France, and England prepared for expansion into the newly discovered Americas. As they did so, they brought with them their cultural, social, and philosophical ideals. As we shall see, this became especially significant in the United States of America as it shaped our country then and continues to do so today.

One of the most remarkable philosophical ideals to influence America was (and is) the notion of modernity. The concept of modernity is a prominent theme in social science literature. It is said to have had a "deeply critical impact on the social structure and cultural institutions across the globe."[65] Few social science phenomena have compared to modernity and, from a global perspective, it can be argued that no country or individual has remained immune to the influences of modernity.[65]

The beginnings of modernity are said to have emerged in the West in the 15th century as an intellectual and cultural movement.[65-67] However, it wasn't until the Enlightenment Period of the 18th century that modernity took on its distinctive character and form.[65,67] During this period, certain assumptions and expectations underpinned and guided social life to contribute to the enhancement of the human condition. Some of these characteristics included the importance of reasoning, a reliance on knowledge derived from science, and a separation of the state from religious institutions.[65] Some believe that the era of modernity lasted from this time until the 1970s and that we are currently in a Post-Modern Era.[66] However, others believe that the notion of modernity will continue.[65]

In simplistic terms, modernity is a way to describe the modern era or modern way of thinking, acting, working, playing, and conducting oneself. It is an ensemble of socio-cultural norms, attitudes, and practices. Some have used modernity to designate a historical period, while others have used it to describe particular socio-cultural standards, beliefs, and practices that arose in post-medieval Europe, and have developed since in various ways and times around the world. Both Kumar and Callinicos believe there are three distinct ways to view modernity: as a philosophical ideal, as a form of society, and as an experience.[65,68]

As a philosophical ideal, modernity emerged with the notion that intellectual reasoning is the dominant form of making sense of the world, and as such, the dominant form of discourse to explain the world.[68] Before modernity, the idea of God was used in primary discourse to explain the world. This notion was largely replaced by science and reasoning with the use of objective and instrumental measures as modernity developed. Modernity allowed for a gaze that focused on the future and the creation of its own self-justification rather than looking to the past for justification and legitimacy.[65] This viewpoint allowed for modernity to be "irretrievably linked to the idea of progress and science."[65] It also leads to the notion of undiminishing human advancement and abundant optimism.[65]

The view of modernity as a form of society is characterized by economic, political, and social distinctions.[65-69] Throughout the Modern Era, economic characteristics have shifted from agriculture to industry, to the consolidation of the free market economy in the form of monopoly capitalism, and has realized a shift in the need for workers to relocate as needed to find employment.[65,69] Political shifts have come with the growth in bureaucracy and the decentralization of government in the form of democracies.[69] The political changes also include the development of the nation-state and its constituent institutions such as the healthcare and education systems and technology and food industries. With these developing institutions, societies have placed ongoing importance on their bureaucracy and the capitalistic market to shape the form and function of our modern way of living.[70] Socially, the era of modernity has seen a shift in values from an orientation to the collective, to one that is dominated by self-orientation, individualism, achievement, and a belief in perfectibility.[70,71] Again, understanding the origin of these concepts of self-orientation is essential for our understanding of the chronic stress that is now commonplace in America.

Thirdly, modernity can be looked at with regards to it being an experience.[68] The experience of modernity is often regarded as one being full of contradictions.[65,72] On one hand, the modern era is optimistic regarding progress, advancement, power, joy, and the removal of ignorance and injustice. On the other hand, however, it is also fraught with uncertainty, risk, confusion, and the potential to destroy everything.[65,73]

The notion of modernity is an important concept when critically analyzing health and healthcare in the United States because these concepts cannot be uncoupled. When comparing the dates of the inception of modernity (15th century to present time) to the founding and development of the United States (15th century to present time), one could argue that Americans (excluding Native Americans) know no other way. Significant developments with modernity, such as a reliance on science, evidence-based medicine, capitalism, and bureaucracy, have shaped how health is viewed and practiced by both laypersons and medical professionals.

As mentioned, the new philosophical developments of the Modern Era have greatly influenced the evolution of America. In particular, biomedical reductionism, individualism, social evaluative threats, the rise of institutional power, and changes in our food supply are hallmarks of modernity. Many of these developments have had a significant influence on the evolution of health and well-being during our current time and are worth exploring further.

BIOMEDICAL REDUCTIONISM

As science and medicine progressed through the Enlightenment Period, a mechanical, linear, and logical way of reasoning called reductionism developed into the primary mode of problem-solving. Reductionistic thinking solves problems by reducing them into smaller and more fundamental parts until the most fundamental part remaining is the answer to the problem. Combining this style of reasoning with science, particularly biologically-based science problems, resulted in biomedical reductionism being the primary method of resolving medical issues. Nearly all medically related problems were (and still are) viewed through the perspective that the source of the matter is biologically-based and that a reductionistic medical plan can be used to treat the medical condition. For example, diabetes is a complex medical condition that affects a large percentage of Americans today. In simplistic terms, diabetes is diagnosed when too much sugar is found in the blood. Biomedical reductionism has driven the treatment for diabetes with the following linear reasoning: (1) when we eat, the sugar in the food is transported to our cells via the bloodstream; (2) in people with diabetes the sugar in the bloodstream is unable to use insulin to get into the cell - this is called insulin resistance; (3) a major reason for insulin resistance is obesity; (4) obesity is caused by eating too many calories and not exercising enough; (5) therefore, using reductionistic thinking, diabetes can be treated by exercising more, eating less, and taking medication that has been designed to reduce insulin resistance.

As a disclaimer, healthy eating and getting enough physical activity are essential and effective cornerstones of treatment (and prevention) for diabetes, and many medications have been developed that have greatly helped people with diabetes manage blood sugar levels. The disconnect, however, is when the only form of treatment originates from a biomedical perspective with linear reductionism. Other non-biomedical issues are essential to resolve if we want to reverse the prevalence of the illness in America. Diabetes management is greatly affected by the types of foods that are eaten, if these foods are accessible and affordable, if the food is prepared properly, and if there is social support within the household to modify eating habits. Each of these issues is outside of biomedicine and cannot be solved by reductionistic reasoning. The medical community is just now starting to wrestle with these expanded social, economic, and environmental issues that affect health and well-being. But, it is challenging to unravel years of care that has established its standards in biomedical reductionism. The development of biomedical reductionism in the Modern Era has failed to address the whole person when trying to treat a chronic illness. This lack of attention to the whole person has led to treatment recommendations that only focus on quality sick-care strategies without regard to important social factors that have a significant influence on health.

Reductionism affects our reasoning in nearly all parts of our lives. It is excellent for solving the simple problems of life. But, reductionism leaves no room for paradox. Often, some of the more serious questions about life are paradoxical in nature. Trying to solve a paradox with reductionism can lead to confusion, despair, and distress. As the evolution of health and healthcare continues to move forward, addressing the whole person will be important for reversing the prevalence trends in chronic illnesses like diabetes. In doing so, reductionism should be limited to where it is most appropriate rather than being the absolute method of problem solving.

INDIVIDUALISM

As mentioned earlier, the notion of individualism is an often-cited characteristic of the Modern Era in America. Individualism can be thought of as placing a high priority on the principles of being independent and self-reliant. It is also a social theory favoring the freedom of actions of individuals over that of the collective. Many times, individualism is characterized as personal conduct that is self-centered and egotistic - to which many believe is a distinctively American ideology.[74]

The origins of individualism began in Europe in the Early Modern Era but became especially prominent as a way of life in America. Many researchers on American individualism point to the American Revolution as an especially important event that put us on the path towards an ideology that places importance on, and even celebrates the idea of "making it on your own without the help of others."[74] As our young country was maturing in the 18th and 19th centuries, individualism meant more than just "securing our British liberties."[74] It meant that we were able to tame the wild frontiers of our new land, and we were able to do it without the help of collective communities. Additionally, individualism was an important and defining characteristic in America that greatly influenced nearly every major institution, including the political, economic, educational, and healthcare sectors.

Relative to health, the continuing evolution of individualism has led to challenges within our healthcare system and in individual citizens alike. As the healthcare system formed in the 20th century, the hierarchical belief that the physician should be the primary driver, authority, and one with ultimate accountability set a precedent for the structure. As we have recently learned, this type of system can often lead to inefficiencies and substandard care compared to interprofessional collective care.[75] Additionally, we now realize that this type of individual philosophy in healthcare is leading to high rates of physician burnout.[59] Experts studying this phenomenon believe that this is partially due to the way the healthcare system is structured and partly due to individual providers feeling the need to be self-reliant, achieve perfectionism, and forgo self-care.[59]

Perhaps even more widespread is the relationship between individualism and chronic stress. Research is now showing that individualism is closely linked to feelings of social isolation, loneliness, depression, and increased the risk of suicide.[76] On the flip side, much research has shown that people who are socially connected with others have greater resilience, are happier, experience a higher quality of life, and are in general more physically and mentally healthy.[77] Individualism, on the other hand, can undermine relationships with family members, neighbors, co-workers, and even society, in general. Individualism can make people feel as if they do not have obligations or responsibilities to others, which can lead to social isolation, a loss of community connectedness, and a lack of common purpose.[77]

The notion of individualism is not necessarily wrong in itself. It can lead to self-confidence, self-efficacy, and self-actualization. But, the evolution of individualism in America appears to be harming health, particularly mental health, as related to chronic stress. The health-protective effects of social connections run counter to the ideology of individualism in America, and we have yet to address this in a meaningful way when discussing the mental health issues of our day.

SOCIAL EVALUATIVE THREAT

The evolution of human people is marked by the ability to move from place to place around the globe. As we began migrating around the world from our origins in East Africa, an interesting phenomenon developed - the social evaluative threat. It is now understood that social esteem and acceptance from others are important criteria for well-being.[78] It is also understood that conditions that threaten our social esteem and acceptance can lead to poor health.[79] Social evaluative threat occurs when an aspect of the self is perceived to be negatively judged by others. This causes negative psychological and physiological changes to the one perceiving the threat.[80] It is believed that the feelings of social threat have been present since humans began migrating. The feeling of traveling to a foreign land and being immersed in an unfamiliar language, culture, and people are thought to have some adverse psychological and physiological outcomes that result from the perception that others are evaluating or "judging" based on social criteria. However, many feel that the idea of social evaluative threat became more significant when economic globalization took hold – which many believe began when Columbus sailed to America in 1492.

Since the time of Columbus, globalization, and the Modern Era have evolved together to influence nearly every part of the world. As technology has advanced, the physical movement of people within their own countries and to foreign lands has gotten significantly easier, faster, and cheaper. And, more recently, the advent of social media has allowed for the virtual movement around the world to happen within seconds. Our ability to socially connect with others in any part of the world can now occur without a great deal of effort, time, or cost. However, our advances in technology have also opened a new era in the evolution of social evaluative threats. While it is easier to connect with people online, it is also easier to feel judged by them. Taking this a step further, many social media outlets provide an option for users to "like" a posting, picture, or video. This makes the evaluation aspect of the experience evident to everyone, especially the originator of the content.

The connections between social media use and mental health are only just starting to be understood. A great deal of information remains to be discovered about this relationship. However, the current rise in mental health issues for young people perhaps indicates that more investigation should be done in this area. Focusing on "likes," making frequent comparisons to peers, and having more friends online versus face-to-face are all concerning areas that may be negatively affecting the health of a large segment of the American population. The evolution of social media has just begun, and the long-term effects of its use are yet to be determined.

THE RISE OF AMERICAN INSTITUTIONS

An often under-discussed topic that is usually not connected with chronic illness in American is the role that established American institutions have played in the health and well-being of its citizens. The crux of the issue rests with the division of equity of power and agency across the full scope of the population. Initial assumptions when looking at chronic illness through individualism-established eyes is to conclude that each person in America is responsible for his/her health and can freely make decisions, for better or for worse, regarding individual health behaviors. In other words, if a person decides to eat poorly and is diagnosed with diabetes, it was by their own free will that they acquired the disease. As with most complex medical conditions that have significant social influence, it is not that simple.

Sociologist Steven Lukes has described power to be "indispensable to [the] practices that we inescapably engage in as social and political beings."[81] A practical example of this "inescapability" is the need to eat daily. Lukes and others believe that an essential component of power is the ability to shape and control one's life.[81,82] Similarly, agency has been described as "the intentional causal intervention in the world, subject to the possibility of a reflexive monitoring of that intervention."[83,84] These concepts are critical to an understanding of health and well-being because if power and agency are not in favor of the individual or community, "the intentional causal intervention" of the "inescapable" need for each of us to eat healthy (for example) will be unsuccessful.

Current beliefs and practices within the healthcare system emphasize the notion that individuals possess the power and agency to make optimal decisions regarding health. However, institutions such as the food industry strongly influence behavior and, ultimately, the choice that people make when buying food. Other institutions, such as the healthcare system and pharmaceutical companies, do the same within their respective domains. As a result, and on the whole, lifestyle adherence, medication usage, and patient counseling within the biomedical context have failed to produce meaningful and sustainable health improvements on a population level.[85,86] This may likely be rooted in another strong American ideology – that of capitalism. The capitalistic nature of most businesses that influence a person's health is not necessarily fixed on improving health as much as they are at making a profit. For example, most food producers and sellers are not in business to making people healthier. Instead, the primary objective of the business is to sell food. However, because the product they produce and sell to the consumer is something that is needed to sustain life and has a direct and significant effect on health, a conflict exists between the food industry and the health of those who consume the food within our capitalistic structure. Based on the previous discussion of modernity and individualism, the responsibility to choose foods that are healthy solely rests with the consumer. The conflict becomes tangible when the sellers use convincing advertisements and strategic placements of food within retailers to entice the sale of a product that can make a more substantial profit, but may not necessarily be healthy for the consumer. An unaware and highly influenced consumer no longer has the power or agency to make a choice that is best for his/her health. Therefore, many food choices are made based on convenience, price, and taste, all of which are influenced by the institutional food industry.

Modernity and individualism ideologies presume that individuals have and want a choice about what they eat, how they live, and how they work, in addition to having the resources to implement change.[87] Individuals do ultimately have a choice whether to eat a particular food or not. But, the persuasion from the food industry greatly influences what is purchased, and therefore, what is available to eat when it is time to make that decision on what to eat. Foods that are inexpensive to produce are often the ones with poor nutritional value, and usually, the ones that are purchased because of marketing influence and economic factors (e.g., cheap to buy).[88] Not all institutions focus on capitalism equally, however. Profit-driven institutions appear to be the most problematic, whereas non-profit health-related institutions work towards solutions in ways that mostly de-emphasize profit as the primary driver. These power differentials also exist in other consumer-driven, health-related industries such as the healthcare system itself, and in the soda, sugar, and tobacco industries.

CHANGES TO OUR FOOD SUPPLY

It is safe to say that the foods that our grandparents grew up with are not the same as those that our children experience today. Food consumption has changed a great deal in just the last 100 years, and especially in the previous 30 years. It is estimated that the average grocery store now carries 40,000 more food items today than it did in the 1990s.[89] The number of choices is seemingly endless, and the size of the stores has evolved from small neighborhood shops to strategically placed supercenters. The types of food that are sold have also changed over the years. The latest research shows that of the total amount of calories that the average American consumes daily, over 58% are classified by the United States Department of Agriculture (USDA) as ultra-processed.[90] In the teenage population, the number is even higher, where two-thirds of calories come from ultra-processed foods.[90] The demand for this type of food has risen in recent years to extend shelf-life, enhance color and taste, and to make foods "ready-to-eat" with minimal to no preparation. Unfortunately, however, ultra-processed foods are less healthy and lead to weight gain, diabetes, and other chronic illnesses.[88]

To provide a bit of perspective on how the evolution of food has changed in a relatively short time, consider the following timeline. In 1974, scientists found the fossils of one of our oldest ancestors known to date. They named her Lucy, and they believe she lived about 3.2 million years ago. To gain a perspective of how our eating habits have evolved, we will create two timepoints and place them on a 12-month calendar for comparison. Lucy will be used as timepoint one and placed on the calendar at the first moment of January 1st. The second timepoint will be this very moment we are living in today and placed on the calendar at the last moment of December 31st. This provides the fullest range of our human evolution as we know it today and compares it to a familiar time scale – the monthly calendar. To begin lets first place on the calendar one of the most important events to occur in our evolution of food consumption, the Agricultural Revolution. This event occurred in about 10,000BC and marks the time when humans transitioned from being hunters and gatherers to staying in place to grow their food and raise animals for consumption (animal husbandry). It also marks a critical time in history when we started to build large communities. If we place this time on our 12-

month calendar, it would have occurred only 35 hours ago. Fast forwarding in time to the year 1900 brings us to a point in time when modern farming practices began. We started developing hybrid crops and using chemicals like fertilizers, herbicides, and pesticides to increase crop yields. On the 12-month evolutionary timescale, these events occurred about 20 minutes ago. Additionally, many new types of foods have been developed over the past 100 years, such as high fructose corn syrup (10 minutes ago on the food evolution timescale) and other ultra-processed foods, most of which are only minutes to a few seconds old on our timescale.

The point of this activity is to gain a perspective on how quickly we have changed the types of foods we eat every day compared to our evolution as humans. Although the human body has made obvious changes since Lucy, it is safe to say that we have made rapid changes in the way we are eating compared to our relatively slow evolution. Ultra-processed foods have only recently come into existence, and many of the chronic illnesses that are common today have an obvious connection to the foods we are eating. The capitalistic, consumerism-driven, fast-paced, and high achieving way of life in the Modern Era has created a food supply that may be largely unrecognizable as actual food to the human body. Many current discussions now center on the foods we are eating relative to our health and the development of chronic illnesses. This issue is no longer a matter of obtaining more research to observe the ill effects of unhealthy foods. Healthy eating is now more about the political and policy issues that surround the topic. These issues increase the complexity of finding solutions because it goes beyond the biomedical realm and into the social factors that determine health.

CHRONICITY

Chronicity is a term that can be used to describe a chronically negative health-related condition. Within the health sciences, it is thought of as a long-term chronic illness from a biomedical perspective. Social scientists, however, have argued that chronicity is more than adverse biological factors that last for a long duration.[91] To focus only on and define a long-term illness from the biomedical perspective is a "passive discourse" according to anthropologist

Carolyn Smith-Morris.[92] She believes that solely looking at the biomedical perspective of chronicity holds victims of such conditions (i.e., patients) "solely responsible for their suffering and ignores the structural factors that replicate poor health patterns and behaviors."[92] This view also places the primary responsibility of prevention and education efforts to mitigate risk and manage long-term illnesses squarely on the shoulders of the patient, rather than a shared responsibility that considers institutional factors. According to Smith-Morris, chronic illnesses are much more than a set of biological factors, but rather many factors that interrelate with high variability.[92] As such, the notion of chronicity should focus on the experience and identity of the sufferer (patient) as they cope. In doing so, the understanding of chronic illness moves from one that only considers the biomedical factors, to one that embraces the social, cultural, economic, and environmental factors influencing the condition.[92,93] Also, the use of the term chronicity more appropriately captures the individual and collective experiences of a long-term negative health condition. Therefore, addressing long-term illness through a chronicity perspective changes the narrative of the illness. Chronicity is less concerned about the top three causes of death (e.g., heart disease, cancer, stroke) and their preceding risk factors (e.g., poor nutrition, sedentary lifestyle, tobacco use), and more concerned about their interrelations with the social, economic, and political factors that significantly influence personal behavior that lead to such risk factors.[25,92] Chronicity is a process through which any person may pass, regardless of the diagnostic label they carry. It is a movement from having an illness, to being a person inhabited by that illness.[93] Chronicity, then, is a merge between the biological factors of the body, and the socio-culture experience of having the illness.

The idea of chronicity can be taken another step forward. The physiological cascade of events that promotes chronic stress and leads to chronic illness, as presented earlier, can be used to provide further insight into chronicity. Many of the circumstances that promote chronic stress are not directly related to health, but rather more closely related to social, cultural, and economic influences.[40] These factors, however, lead to chronic illness vis-á-vis chronic stress. Therefore, the circumstances that lead to chronic stress could also be considered chronicities due to the chronic nature of the negative experience. Chronicities can occur from specific life experiences that result in negative long-term outcomes, norms, attitudes, and practices. Such examples can include the chronicity of physical inactivity, chronicity of overnutrition, chronicity of technology, and many others. As such, the definition of chronicity can be expanded, as done so by the social scientists Sue Estroff and Dennis Weidman, "to refer to the persistence in time of limitation and suffering that results in disabilities as they are socially and culturally defined and lived."[87,93]

Specific examples of these chronicities can be more clearly articulated by observing our modern ways of living. With regard to physical activity, the advent of industrialization in the 1800s moved many people from rural farm settings to an urban manufacturing way of life, thus decreasing the need for physical activity as a greater reliance on machinery developed.[94] In the mid to late 20th century, the digital revolution moved manufacturing and production to a reliance on computers and digital information, further decreasing the need for people to be physically active.[95] As such, most Americans now need to rely on dedicated and purposeful efforts to be physically active in order to gain health benefits rather than garnering the benefits through one's job or activities of daily living.[95]

The chronicity of overnutrition is also a significant health concern related to chronic illness. In the past, overeating and subsequent weight gain were associated with social and economic class differences. Wealthy individuals who had the means to obtain food were more likely to be overweight compared to the poor who's access to too much food was less common.[87,96] Being overweight or obese is now prevalent across all class lines, and people in all income levels are now more obese than ever.[96] Interestingly, obesity is still associated with socioeconomic class but is opposite in its patterns from centuries ago. Today, people living in lower socioeconomic classes are more likely to be obese compared to those of higher socioeconomic status. Most believe this is due to changes that have occurred in food production, manufacturing, and marketing practices. Advances in food production have allowed producers to develop foods that are less expensive to make, where the costs are passed along to the consumers. Unfortunately, along with less expensive food, the quality of the food supply has diminished, and the caloric density of food has increased.[96,97] This has resulted in food producers selling low nutrient, high-calorie foods at low cost, causing the consumer to buy more to obtain sufficient nutrient needs. This process has led to overnutrition, or the consumption of excess calories, and to the subsequent development of many chronic illnesses.[97]

The continued development of enhanced technology has been credited to many quality-of-life and health-related enhancements over the past several decades.[98,99] The development of certain technologies has also, unfortunately, led to certain chronicities. It has already been mentioned that advancements in technology have led to decreased physical activity and the overconsumption of food. Certain technologies have also been linked to mental illness and addiction.[70] In the late 1990s, the first social media sites came online, and their popularity has gained significant momentum over the past 20 years. The popular social media site, Facebook, stated in June 2019 that it had nearly 1.6 billion active users to its site each day.[100] Another popular site, Snapchat, says that daily usage has climbed to over 200 million people with over 3.5 billion "Snaps" created everyday.[101]

The behavior addictions related to the use of social media and other online resources was recently reviewed in a book written by Adam Alter entitled, *Irresistible: The Rise of Addictive Technology and the Business of Keeping us Hooked*.[102] In his book, Alter outlines the behavioral addiction that many social media users experience.[102] Alter presents evidence that social media sites are driven by a capitalistic model that is designed to keep its users on the site for as long as possible.[102] The sites are designed to be "bottomless" so that the user never reaches a satisfactory endpoint.[102] These sites also have an added feature so the user can seek (re)assurance from other users regarding the content that is posted – a topic related to social evaluative threat.[102] He also adds that these addictive behaviors are not just isolated to social media. Online gambling, shopping, email, and pornography are also highly addictive behaviors experienced by many people using the internet. These behaviors have not only led to mental illness but also chronic stress.[102]

Many other chronicities of modern daily life need to be explored with regards to their negative health consequences. But, perhaps the most significant chronicity of modern times is that of chronic stress. The chronicity of stress may be a separate issue that is the result of a culmination of all chronicities that individuals experience. As previously articulated, stress has been linked as a significant factor in up to 85% of all illnesses.[40] The emotional manifestations of stress are now physiologically linked to individual chromosomes to show how the lifespan of a cell, and the overall lifespan of the body, is diminished as a result of stress.[47] And, data now show that stress-related disorders, such as anxiety and depression are on the rise.[103-105] A study conducted at San Diego State University has demonstrated evidence that Americans today are more anxious than in the past.[74] An analysis of published studies between 1952 and 1993, which included over 52,000 individuals, showed a continuous upward trend in stress over the 40 years.[104] Additionally, the rate of depression has trended upwards as well in recent decades. One study found that people born in 1970 were twice as likely to have depression compared to people born in the late 1950s.[105]

The various forms of chronicity need to be examined in further detail regarding each type as well as the interrelated nature of chronicities and the cumulative impact that each has on an individual. It is likely that the culmination of the chronicities of one individual is uniquely different compared to another individual. These uniquenesses need to be examined further, as well, concerning modern ways of living.

CHRONICITY OF MODERNITY

When considering chronicities and modernity together, the source of the chronicities appears to be modernity. The modern ways of living in America that have developed since the 18th century and continue to develop in present day, appear to have a chronic and untoward effect on the health of Americans. In 2010 and further in 2012, Dennis Weidman, an anthropologist at Florida International University, articulated his thoughts in this regard with the development of the theory "Chronicity of Modernity."[87,96] He uses this theory to explain the many interrelated variables that converge to reveal chronic illness.[87]

Weidman argues that since the Industrial Revolution in the 18th and 19th centuries, modernity has transitioned lifeways from seasonality to systematic and routinized behaviors.[87,96,106-109] These transitions have influenced important daily activities, such as food consumption.[87,96,106-109] Weidman points out that food is consistently available in high quantities and at low prices. And, there is no longer a need for physical activity to obtain food, as was the case before the

Industrial Revolution. These developments have led to the chronicity of overnutrition.[87,96,106-109] He further argues that technology continues to rapidly evolve in such a way that redefines our time and space experiences, creating the perception that time is going faster.[87] This leads to a current perception that there is not enough time in each day to accomplish everyday tasks, causing feelings of stress and anxiety.[87] These developments have led to the chronicity of technology.

At the heart of the Chronicity of Modernity theory is the hypothesis that sociocultural processes at the global, individual, and local community are the cause of chronicities.[87] Of particular importance is the impact that globalization has had in reshaping societies, nations, and identities for the past three hundred years.[87] The growth of capitalism that came along with the Industrial Revolution supported the dramatic increase in the human population. In addition, the "culture of capitalism" that has evolved with modern lifeways has dramatically shifted power differentials from that of the individual to that of the institution. Examples of institutions include the government, the healthcare and education systems, employer groups, and the food and drug industries. Weidman argues that these institutions are primarily motivated by capitalism in an attempt to stabilize, standardize, and routinize each of their own particular bureaucratic processes as the number of people they interact with grows.[87] Further, as individuals interact with and become part of the social and cultural structures of these institutions, the behaviors of the individuals involved become less diverse and more uniform creating a way of life that is largely driven by the varying institutions.[87] The resulting outcome of chronicity of modernity, then, is a lived experience where power seemingly rests not with the individual, but with the institutions of government, education, healthcare, food, drug, and others.[87]

The French philosopher and social theorist Michel Foucault wrote about these power shifts.[110] He makes the argument that modern institutions control bodies through systems of power and knowledge.[110] He believes that power in its modern form is such that "the system" "gets into the hearts and minds" of individuals, inducing them to be compliant to the system or institution.[110] Ironically, this type of power also persuades individuals to see themselves as solely responsible for their own actions and experiences rather than the system.[110] Foucault further believes that this new form of power brings with it a message that well-being can be achieved for those who comply.[110]

An example to articulate this type of power can be seen in varying aspects of the healthcare system. Carrying forward the example of diabetes previously used, what is measured and counted as important for the prevention and treatment of a chronic illness, like diabetes, is defined by the healthcare system and rooted in biomedical reductionism. These measurements and criteria may differ significantly from what an individual perceives as important for his/her overall health and well-being. However, economic and scientific data influence policies at the local, state, and national levels to supersede the individual definition of well-being and impose factors with the reductionistic biomedical philosophy to define health and illness, thus influencing personal behaviors. For example, a healthcare institutional focus on medication usage to prevent and treat diabetes is the acceptable standard over and above the resources and support to mitigate the social, cultural, economic, and political factors that are fundamental to the cause of the condition. Additionally, because the healthcare practice model is based on biomedical reductionism at the individual level, people who are unable to achieve the normative levels of health as defined by the system and its measurements are often blamed for their failures in achieving these standardized and routinized goals. This is especially commonplace for overweight Americans trying to lose weight.

Weidman's Chronicity of Modernity theory connected certain lifeways with chronic illness to provide an explanation for the recent rise in chronic illness. As stated above, a meaningful connection to make in this regard is the influence that chronicities of modernity can have on the development of chronic stress, and ultimately chronic illness. Additionally, other important factors to consider with regard to this theory are the notions of power and agency. These are important considerations with regards to lifestyle behaviors and their current practices because fundamental assumptions of current philosophies rest on the belief that individuals have the power and agency they need to participate in self-care practices effectively. As Weidman and Foucault point out, modernity has shifted the notion that health is no longer a collective responsibility, but rather an individual responsibility, and that each individual has the power to influence his/her health positively. However, neither may be the case to the extent that society believes.

A clear notion of well-being is absent from our understanding of health. As an institution of healthcare, we have yet to understand well-being fully. Because capitalism has been our primary focus, we have not been looking in the right place for answers to our crisis in chronic illness. For the sake of our country and its people, it would behoove the healthcare institution and the institutions that educate its providers, to take seriously a new philosophy of care that centers itself on the whole person.

CHAPTER 4

A LOOK FORWARD

A few years ago, my department at the university contracted with a company to have each faculty and staff member complete a survey that would identify our greatest personal strengths. The purpose of this activity was to help each person get to know themselves and others in the department a bit better. Activities like this are useful for helping people use their strengths for personal growth and for the betterment of the organization. The results showed that one of my top three strengths was a natural tendency to maximize any given situation. This means that I tend to make the most out of my courses, work projects, and the students that I teach. Having this strength certainly has its benefits. It can lead to a well-developed class, a successful project, or helping a student write a better paper. But, it can also have a downside. Sometimes it leads to feelings of imperfection, unfinished work, and the need to do more. Knowing one's strengths and how to use them can be a powerful tool. But, our strengths do not always serve us well. Sometimes our greatest strengths can become our greatest weaknesses – and this can be true on a personal level, collectively as an organization, or even as a nation.

The United States was discovered at a time in history when significant advances were taking place. Science and new technologies were advancing people's lives, and many countries (especially in the West) were looking to grow in national power by expanding their territories. With these changes came new ideologies that focused on future development, unlimited potential, and a thirst for progress. These characteristics helped to form the mantra of what it meant to be an American. As time progressed and westward expansion of the U.S. took place, the American identity became rooted in principles of personal independence, ingenuity, toughness, grit, and the collective ideologies of capitalism, consumerism, economic growth, and national power. This is the "American spirit." Each of these principles was (and are) important to America as a nation, and to Americans as individual citizens. They have led the United States to become a superpower on the world stage with the largest economy, strongest military, and arguably the most influential consumerism of any country on the planet. These are our strengths, and they have served us well. But, in many ways, they have also been our weaknesses.

At the time when World War II ended, substantial growth and broadly shared economic prosperity occurred throughout the U.S.[111] Up until the 1970s, personal incomes in America grew at the same rate across all demographic levels and the income gap between the upper and lower levels, although significant, did not change.[111] Starting in the 1970s, however, income growth slowed in the lower and middle classes but increased in the upper class. This caused the income gap to widen. In 1989, just under 30 percent of the income in America was held by the top one percent of American earners (by comparison, it was 18 percent in 1913). By 2016, this rose to over 39 percent (now over 40 percent). During that same time, the share of income held by the bottom 90 percent dropped from 33 percent to less than 23 percent.[111] These numbers show that the distribution of wealth continues to favor the wealthy while at the same time harming most everyone else in America. As a result, the United States exhibits a broader wealth gap between the rich and the poor compared to any other developed nation in the world.[112] Most economists would agree that the U.S. economic structure fueled by policy and politics is the reason for the ever-widening wealth gap in America. Even though our economy is robust and our unemployment rates are low, poverty is a significant issue and one that challenges our capitalistic, consumeristic, and individualistic ideologies.

In an example more directly related to chronic illness, many would agree that the healthcare system in the United States is leading the world in medical care for its citizens. We have the most advanced medical technology available and the most highly educated medical professionals of any country in the world. However, data show that the outcomes of our healthcare system are dismal compared to other wealthy nations. Research conducted by the Commonwealth Fund since 2004 has consistently shown that the U.S. spends significantly more on healthcare services than any other wealthy country in the world, but demonstrates the worst outcomes.[113] Of the eleven wealthiest countries, the U.S. spends $9346 in health expenditures/per person (2016 data) but ranks 11th (last) in overall health outcomes. By comparison, the United Kingdom spends $4094 in health expenditures/person and ranks first on the list.[113] Similar to America's widening wealth gap, the healthcare system is primarily based on capitalism and economics rather than on providing what is most needed to keep Americans healthy. Our healthcare system has shown that it is doing well at spending money and making money, but not very well at keeping Americans healthy across the spectrum of the population. Again, this issue challenges our capitalistic, consumeristic, and individualistic ideologies.

The United States of America is a marvelous place to live. It offers strengths that are unmatched by other countries, and those strengths afford Americans many privileges that other countries cannot provide. But, inattentiveness to our collective strengths has led to significant weaknesses. Just as with our personal strengths, if we do not reflect on the appropriate use of our collective strengths, they can lead to harm – what some refer to as structural violence. Americans have embraced the notion of modernity, perhaps more than any other nation in the world. And, although it has led to great prosperity and health for some, it is far from equitable for all. Social, political, and cultural constructs that have led to inequitable standards have yet to be addressed in a meaningful way in the United States. If health and well-being (not to mention equal rights) are to be experienced for all Americans, changes to our standards will need to take place.

Perhaps a good place to look for answers is back to our strengths. Repurposing our ingenuity, grit, and economic power – the American spirit – towards the health and well-being of Americans is possible. But, this will take courageous leadership and personal and collective commitment. Americans have done it before. There are tremendous examples in our history of setting aside our individualistic tendencies and coming together for a greater purpose. Historical moments such as World War II, landing a man on the moon, and post-September 11, 2001, shows that our country can rally together in times of great need. By comparison, but no less critical, smaller movements have also brought large groups of people together to serve a transcending good. These include campaigns to fight breast cancer, pro-life rallies, the Black Lives Matter movement, and gender equality efforts.

The technology to connect people may be one of the most significant developments of the Modern Era. Using technology to connect people may be an excellent place to look for tools that can help rally Americans for the greater good. The power of connectedness cannot be underestimated when looking for solutions to help us move forward with our social ills. And, it will be no less critical in our fight against chronic illness.

SOCIAL CONNECTEDNESS

The social cohesion or unity of a community is a critical piece of the health of a group. In the history of the U.S., the cohesiveness of particular communities has been shown to promote democracy, spawn necessary revolutions, and decrease crime.[114] Grounded in the theoretical framework of Simmel, Durkheim, and Harary, sociologist Moody and White argue that social cohesion contains both relational togetherness and community togetherness.[114] They define social cohesion as relations that hold its members together, and that is dependent on all members of the group. Additionally, the linkages between all members of the group are critical to the togetherness of the group.[114] Research conducted by Chuang and colleagues in 2013 confirmed these theories.[114] They showed that individuals in countries with higher social inclusion, social capital, and social diversity were more likely to report greater levels of health.[115] Additionally, the social networks that exist within a community are a crucial component of social cohesion. Research has demonstrated that the interconnectedness of people within a defined group has a significant effect on health at the individual level.

Christakis and Fowler have been pioneers in the field of social networks. In 2009 they published a book that captured their research demonstrating the connections between groups and the effects that these connections have on health-related outcomes.[116] Christakis and Fowler theorize that the "force" resulting from the interconnections that exist within groups is greater than the sum of the force of each member of the group. Because of this, they believe that people can transcend themselves and their limitations if they belong to a group that promotes a positive culture. They also propose that the connections that exist between individuals within a group are as responsible for the health of the members of the group as are the individual and collective group responsibilities.[116]

Using data collected by the Framingham Heart Study between 1971 and 2003 of over 12,000 persons, Christakis and Fowler designed a study to examine the interconnectedness of social networks with the spread of obesity.[117] The model they developed used longitudinal statistical data to examine if weight gain experienced in one individual was associated with that of his/her friends, siblings, spouse, and neighbors. The results of their research showed that clusters of obese persons were observable within the network. Of significance was the observation that clusters of obesity extended not only to the adjacent individual on the cluster map (a friend, for example), but also to three degrees of separation (a friend's friend's friend). The study further showed that those individuals who had a friend who was obese experienced a 57% increased risk of becoming obese themselves. For those who had one sibling or a spouse who was obese, the likelihood of them becoming obese was 40% and 37% greater, respectively. The authors were able to show that the chances of becoming obese due to the interconnectedness was not due to a selective formation of social ties among obese persons, but rather simply due to the connections themselves.[117]

Using the same data set, the two authors designed a separate study to examine the person-to-person spread of smoking behavior and the likelihood of people quitting together.[118] Similar to the obesity study, clusters of smokers and non-smokers were observable and the clusters similarly extended to three degrees of separation just as with obesity. During the study observation period, the prevalence of smoking decreased in the overall population. But, the size of the clusters of smokers remained the same. This indicated that groups of smokers were quitting at the same time. Additionally, the study found that if a spouse quit smoking, the likelihood of the other spouse quitting increased by 67%. This same observation was shown with siblings, friends, and coworkers, with quit rates increasing by 25%, 36%, and 34%, respectively.[118]

Fowler and Christakis also studied the spread of happiness in the Framingham Heart Study social network.[119] They followed over 4700 individuals between 1983 and 2003 with regards to the happiness scale used in the Framingham Heart Study. Consistent with their previous work, clusters of happy and unhappy people were visible within the network. Also consistent was the likelihood of becoming happy, again spreading to three degrees of separation. The longitudinal statistical model showed that happiness actually spreads from person-to-person and is not observed simply because of a tendency for people to associate with similar individuals.[119] In other words, it is the relationship with another individual that can spread happiness, not just observing another person being happy. Additionally, and also very fascinating, is that our connection with others has a contagion-like effect as it spreads to three degrees of separation. So, our happiness has an influence on the happiness of a friend of a friend of a friend – even if we do not know the person three degrees separated from us.[119]

In an additional study, Fowler and Christakis were able to demonstrate that cooperative behavior (one person helping another) not only spreads from person-to-person but also creates a "cascade-like" effect.[120] The results of this study showed that an individual act of "public good" by one person is tripled by others who are either directly or indirectly influenced by the first act. They conclude that social networks create a cascade effect of cooperation due to the interconnectedness of the individuals within the network.[120]

Christakis and Fowler's research is significant because it demonstrates the importance of the interconnectedness of a group and that of relationships. They have been able to show that a collective network phenomenon exists and has an influence on health conditions (obesity), health behaviors (smoking cessation), attitudes (happiness), and the way individuals treat one another (cooperative behavior cascade). Each of these factors is important for the health of an individual as well as the social cohesion and health of a community.

COMMUNICATIVE ACTION

Personal agency is a strongly held ideal in America, and it means that an individual has the ability and power to make a purposeful choice. This is an important concept when considering chronic illnesses such as obesity and diabetes. Incorporating healthy self-care activities such as exercise, sleep, and healthy eating are essential for the prevention and management of many chronic illnesses, but especially for obesity and diabetes. If personal agency is in favor of the person who is trying to lose weight, he/she will likely be more successful than if the power differentials are not in his/her favor. For example, a person having enough money, time, and education (although still challenging) can implement a weight loss program because most of his/her basic needs are met, giving him/her the ability (power) to focus more energy on losing weight. But, if an individual is a single parent and working three jobs in order to pay rent and feed his/her family, losing weight may be less of a priority relative to more basic human needs. Therefore, power and personal agency are essential topics relative to self-care.

An important concept, and perhaps strategy, to promote self-care activities related to agency and power differentials in America is called Communicative Action. Jurgen Habermas, a German sociologist, and philosopher developed the Theory of Communicative Action in the mid-1980s.[121] Habermas believed that advanced capitalist societies have evolved to reach a "state of crisis" due to an undermining of their integrative functions of communication.[121] Because of this, citizens of these societies question the legitimacy of social institutions, in general, and of the nation-state itself – especially with regards to the appearance of the well-meaning actions of the institutions.[121]

To more fully articulate his theory, Habermas uses the term "lifeworld" to describe an individual's taken-for-granted view of the world that provides understanding and meaning to life.[122,123] Habermas explains the lifeworld as a shared and social experience that allows individuals of a community to have common meaning and understanding.[122] The lifeworld consists of multiple taken-for-granted "presuppositions", that exist below the level of conscious awareness and allows people to discern what is meaningful and intelligible about life.[88] Habermas believed that a community is constantly being influenced by the system (i.e., nation-state and economy) to form the lifeworld in such a way that makes the agenda of the system seem to be the taken-for-granted presuppositions that makes life meaningful and intelligible for the community.[123] In other words, the system's influence on the community sets the norms, attitudes, and practices for members of the community and does so in such a way that it feels as if it is the normal way of life. The system imposes itself onto the lifeworld, and by doing so, it undermines the free associations in which people meaningfully communicate and work out how they want to live, work, and play; which aspirations are important to achieve; and the importance and meaning of life occurrences.[123] Habermas believes this imposition of the lifeworld undermines personal and community agency via controlling money and power.[123] He says this "colonization" obscures people's real needs and desires.[123] "The colonized lifeworld is one where people align all beliefs, dispositions, and discourses in terms of the imperative of the economy. It is this colonization that Habermas believes destroys critical thought, social justice, and the possibility of social change."[123] In the context of self-care activities for chronic illnesses, it could be argued that the current lifeworld undermines successful self-care practices by influencing people to buy inexpensive, non-nutritious, and calorically dense foods; the latest piece of technology; or a particular social media app. This lifeworld, then, leads to chronicities, which can lead to chronic stress, which can lead to chronic illness.

Even further, a lifeworld can be born out of the chronicities of modernity, creating inter-looping patterns that result in chronic stress, and ultimately chronic illness. For example, one could argue that our reliance on technology is a chronicity of modernity. We have integrated so much of our lives into our personal tech devices (e.g., work, personal communications, entertainment, home security control, banking) that it would be difficult to divest from these devices. Because of this, we need to continually upgrade our devices and data plans with the latest and fastest technologies/services in order to keep up with the new standards of participating in "life" as we know it. And, well-constructed marketing strategies convince us that we must keep pace with the new standards. It can feel like this is a taken-for-granted presupposition that makes life meaningful. But, we know from research that the use of technology does not bring long-term happiness and in many cases is leading to disconnection and loneliness, not to mention the ever-increasing cost of upgrades.[102] These factors cause chronic stress, which can then lead to chronic illness. The interloping nature of our reliance on technology in the hopes of making life easier and less stressful is demonstrating the opposite and has resulted in a modern-day lifeworld.

To combat this chronicity of modernity, Habermas argues that we must resist colonization through a process he calls "communicative action".[121-123] Communicative action is unimposed communication within the social context without influence from the system.[121-123] He argues that this can occur via small cultural public spheres of everyday interaction during which a lifeworld is created through collective deliberation and understanding, independent of the institution. Habermas' view here is similar to Foucault's view of the need for societies to resist the power influences from the system and collectively regain power as a social group.[123] Likewise, Habermas' theory of Communicative Action is related to Weidman's theory on Chronicity of Modernity in its general theme. The system imposes such influence on individuals and the community that it diminishes personal and community agency.[121-123] And, it does so in such a way that it is not out-right noticeable and appears to be a normal and standard way of life — the American way of life. In regard to chronic illness, chronicities of modernity and lifeworlds do not allow for practices outside the philosophy of biomedical reductionism to be considered as appropriate to prevent and mitigate chronic illness via self-care strategies. Biomedical reductionism has become the modern era's taken-for-granted way of life to improve health. It's our approach that is askew. Perhaps we need to rethink our approach to the prevention and management of chronic illness in America?

TINKERING VS. TRANSFORMATION

A few years ago, I was invited to develop new undergraduate and graduate courses that could help our students better understand well-being in the context of our healthcare system. The courses were largely based on the emerging medically-based field of lifestyle medicine – which is the use of lifestyle behaviors to prevent and treat chronic diseases. One of the tenets of this new endeavor was something we referred to as *tinkering*. We defined tinkering as "the continual refinement of personal and relational care practices based on individual uniqueness and reflection." The hope in establishing this tenet within each course was to emphasize a model of care that was more personal than that of our current biomedically-based healthcare system. The philosophy behind tinkering was to think about how a clockmaker (horologist) works his/her craft. In order for a horologist to get a clock to optimally keep time and strike the right notes on the chimes at the right times, he/she carefully adjusts the many components within the inner workings of the clock until they are just right. This type of work requires an understanding of the nuances of each clock and can only happen with time and patience, rather than by a one-time standard procedure. The same can be said for the care of people. Optimal care also requires time and the development of a relationship between the provider and the patient.

The notion of tinkering is helpful when trying to establish a new model of care because it emphasizes the importance of connectedness and relationship building over a long time. But, as we began to offer our courses, something was still missing. We were not yet addressing the whole. In many ways, our courses felt like the American healthcare system, a system that is just tinkering. Even the best examples of patient care do not fully achieve the outcomes that most are hoping to achieve. Our advancements in pharmacology have developed marvelous drugs that manage symptoms, treat illnesses, and improve people's lives. Our surgical procedures are technologically advanced beyond our imaginations from just a few years ago. And, our lifestyle medicine approaches to healthy eating, increased physical activity, and better sleep is greatly improving the lives of many. But, these strategies are not able to hold back the wave of chronic illnesses that we are currently experiencing in America. Each of these modalities is important and effective in their own way, but they only seem to be tinkering with the grand notion of what health means to most people. Illnesses such as obesity, diabetes, and depression continue to spiral upwards in prevalence, and true well-being remains elusive despite our best medications, treatments, and behavior changes. Something is missing in our approach. Perhaps what is missing is our attention to the whole.

In large part, the prevention and treatment strategies that we have implemented in our modern medical practices have solely focused on the physical realm of the person/patient. Our historical focus and continued emphasis on science have led our medical practices in this direction. But, the whole of a person is much more than that which can be measured with a diagnostic test or treated with medicine and surgery. The physical, or outer-self, is only part of the whole. The whole of a person includes both the outer-self and the inner-self. Both are important and complementary, and the inner-self should not be looked at as secondary to the outer-self, as is often the case in modern medicine. With our adoption of science a few hundred years ago, we also adopted the notion that our inner and outer worlds were disconnected.[63] As a result, our healthcare system has evolved in such a way that keeps these two worlds separate — and, in doing so, has led to an incomplete whole.

When looking to mitigate chronic illness in America, our way forward cannot simply consist of tinkering and teaching a series of self-help coping skills that hope to smooth the edges of our performance-driven, social evaluative way-of-life. A transformation is necessary to achieve a sense of wholeness and a feeling of well-being. Transformation is more than making small adjustments here and there. Transformation is more than adding another medication or having another procedure. A transformation means a fundamental and radical way of moving forward that changes both the outer physical self and the inner-self at the same time, both in harmony with one another. This shift in approach to true well-being reunites the inner universe with the outer universe so that the whole of the person may be attended.

Before Copernicus and others paved the way for science, the accepted view of the world believed that the outer universe and inner universe were connected. In other words, the body and soul had unity and connection. As science evolved, people began to believe that the physical world was just made up of inert material and had no connection to the inner universe, and thus no connection to the Spirit. Now, 300 years later, the West is starting to understand again the unity that has always existed between God and all things. Since its birth, America has been focused on the outer/physical universe – that which can be measured and counted. This part of the whole is still essential. Our current healthcare system and philosophy on patient care continue to be necessary. But, reuniting the outer universe with the inner universe is our next step forward in healthcare and the management of chronic illness. Tinkering alone cannot lead us to whole person health, but it can lead to a place where wholeness can be found.

The idea of transforming at a personal level and the broader healthcare system level can seem daunting and intimidating. Transformations within a system as large as healthcare are painful and slow. There are many actors, complicated economics, and challenging politics to overcome if a system such as this were to change its course. But, the radical transformation referred to here does not need to engage with these challenges at this time. The changes that are necessary to achieve true health and well-being can start within each individual. The road to personal transformation can provide greater clarity about, and experience with, transcendence and can also create greater unity with the Transcendent. In other words, our radical way forward to true well-being is through transcendence and the Transcendent.

CHAPTER 5

TRANSCENDENCE

In the late 1980s, I was a young college student studying in the field of health and wellness. The term "wellness" was so new at the time that it was difficult to find a definition for it in the dictionary. Over the past thirty years, the idea of wellness has evolved. So many interpretations and opinions about wellness now exist that we have started using the term "well-being" to describe what wellness initially set out to define in the 1980s. Regardless, well-being simply means wholeness.

The term transcendence can be described as having existence or experience beyond the physical level. To transcend means to rise above and go beyond the self to realize that the self is one small part of the greater whole of the universe/cosmos. Many influencers can cultivate transcendence. But, relative to our present discussion, a significant influencer is our social network. Earlier, we discussed the work of Christakis and Fowler and the influence that social networks can have on a person's behavior. They believe that "as part of a social network, we transcend ourselves, for good or ill, and become part of something much larger."[116(p.30)] The examples are easy to see in our world when looking at the dualism within our political system contrasted by the positive influence that our young people are having as they rally around the urgency of climate change. In contrast to our individualistic tendencies as Americans, most humans like to be part of groups that make them feel as though they are part of something larger than themselves. There is an inclusive bonding that provides a sense of safety and security. Unfortunately, when this occurs out of fear to resist necessary change, the result can often be negative. Fortunately, however, the opposite is also true. Transcendence can result in positivity at both individual and social levels.

SPIRITUALITY

For many people, that which is greater than the self has a connection to the Divine. This makes transcendence and spirituality connected. Many achieve transcendence through faith, unity, and relationship with the Divine, or the Transcendent. Some people refer to the Divine as God, while others use words like Great Spirit, The Light, Creator, Universal Life Force, and many others. Many believe that a person cannot feel fully whole without transcendence. Moving towards true well-being includes attention to the inner-self, the part of the whole that has a spiritual connection to the Transcendent, and attention to the outer physical self, the part of the whole that is physical, tangible, and measurable. Both are parts of the same whole. The paradox with well-being appears to be this; it is only when one realizes that he/she is only part of the whole that he/she actually becomes whole.

Discussed throughout this book is the notion that the Modern Era has brought with it many advances to our evolving society through science and technology. But, it also changed the way we think about God relative to the whole. The Modern Era pushed the idea that the inner and outer worlds were not connected as we once thought them to be. Pierre Teilhard de Chardin, a Jesuit priest, philosopher, and scientist, believed that "the artificial separation between humans (outer) and the cosmos (inner) is at the root of contemporary moral confusion."[63(p.103)] In other words, Teilhard believed that separating our physical selves from our spiritual selves without seeing that they are part of the same whole has lead people in the Modern Era to be confused and in search of transcendence that is tangible and measurable. Ilia Delio, a Franciscan Sister, and scientist, writes about this a great deal in her book, *A Hunger for Wholeness*.[63] She argues that "Without the inner universe of thought, we are left with the outer universe of information, leading to brain fatigue, attention deficit disorders, and the sheer inability to make sense of the complexities of modern life."[63(p.93)] The modern-day experiences of the outer world are filled with overstimulation in a way that rarely affords us the quiet time we need to process all the information. This leads us to feelings of stress and in search of something that will allow us to be centered and regain a sense of peace. Teilhard, Delio, and others believe that our modern way of living has conditioned us to look to the outside world for this peace rather than turning inward. In doing so, we further over-stimulate ourselves by turning to technology and the internet. Some believe that the technology of today now provides what religion has always promised: immortality, personal salvation, and happiness by creating and recreating ourselves into something new.[63(p.64),124] In other words, we are searching for transcendence through our technology. Unfortunately, however, people are more disconnected and unhappier than ever. Ken Wilbur believes that our Modern-Era evolution towards a mechanical philosophy as a way to explain life has created a "crisis of transcendence" where we now look for substitutes for transcendence through money, sex, food, power, fame, and knowledge.[63(p.12,103),125] These examples are prized in our modern culture and have become substitutes for true wholeness – body and soul.[63] Delio says that as a result of our allegiance to technology, our thinking has become shallower, we are losing our connectedness with nature (she describes it as losing consciousness with our surroundings), and that we are transcending towards technology to live out our deepest desires rather than towards spirituality.[63(p.66)] These shifts in philosophy have allowed us to start seeing the connections between the evolution of the Modern Era and our ever-increasing prevalence of stress and chronic illness. Further, Delio eloquently reflects on our modern way of living and its effect on well-being:

> "Our scientific, technological age has hijacked our attention under the lure of innovation, creativity, and a better, brighter future. By devoting our time, money, and attention to our scientific and computerized world, we have allowed ourselves to become distracted. Instead of increasing consciousness through the unity of love, we are information overloaded and brain fatigued, thinned out interiorly, and mentally 'fried.' Our desperate search for a better quality of life has thrust us into consumerism, careerism, and unhealthy levels of competition. We have a difficult time slowing down and, while meditation is attractive, the discipline necessary to slow down and focus our attention does not appeal to us. We want enlightenment without compromising our comfortable lifestyles. We desire transformation without discipline. Hence, we focus our

attention on the outer universe, becoming experts in areas that analyze and construct systems, whether they are systems of knowledge, information, or factories. We allow ourselves to be caught up in the systems [lifeworlds], convinced that we are building a better world. The more we devote ourselves to the outer universe, however, the more we cut ourselves off from the inner universe. Technology and materialism can make our lives better, but they cannot bring about more consciousness and more love. What is needed for a new planet is not computerized lives but radically transformed selves living on new, higher levels of consciousness and new unities of love."[63](p.85-86)

This is the path to true well-being – a transcendence that brings relationality and unity between the outer and inner universes where the primary impulse comes from the inner universe. Could this be another source of moral injury in our society? Does our modern way of life cause moral injury by not allowing us to be close to God? And, does this then lead to chronic stress, and ultimately certain chronic illnesses? These questions have yet to be explored relative to our chronic stress issues in America.

In an earlier section, we also discussed the influence that power and personal agency have on stress, health, and well-being. Although power and agency are critically important to health and well-being, it is easy to look at our modern way of living and say that a loss of personal agency to large institutions (e.g., food industry, government policies, healthcare institution) may be at the root causes of chronic stress. But, this does not appear to be true. When our inner reality is stronger than our outer reality, we can act from choice, creating agency, and creating our own life.[63] This is true personal agency. A higher consciousness leads to interior freedom. This then allows us to act from choice and create our own life regardless of the outer universe institutional influence.

QUANTUM PHYSICS

As the advancements in science continued to progress throughout the Modern Era, one such discovery actually started to pave the way to "scientifically" show that the inner and outer universes are part of the same whole. Quantum mechanics (also called quantum physics) studies the smallest particles that exist within the universe. One of the major themes in quantum physics describes physical matter as something that is better understood as energy.[126] In other words, the material universe is energy at its most basic level. Additionally, quantum physics has shown that the space that exists between two pieces of matter is not empty space, but actually space that is filled with energy that connects all matter. Albert Einstein was influential in the development of quantum physics and described something he and his colleagues called quantum entanglement. In quantum entanglement, Einstein was able to show that one particle of matter has an influence on another particle even though the two particles of matter are separated by great distances. Later, John Bell provided the mathematical proof for quantum entanglement.[63(p.21)] Thus, quantum physics shows that communication occurs between seemingly inert pieces of matter across great distances by complex fields of energy. The energy is challenging to measure, but scientists know that it exists. Even Einstein was uncomfortable with his discovery.

Delio explains that the development of quantum physics is essential to the evolution of science for two reasons. First, quantum physics proves that "subjectivity is necessary for objectivity," and secondly, "the act of observation produces physical reality, which puts consciousness back into matter, overturning Cartesian dualism."[63(p.20)] She goes on to say that quantum physics shows that "nature is composed not of material substances but of deeply entangled fields of energy. Everything affects everything else. We humans think of our actions as local and discrete, but we now know that if 'we pick a flower on earth, we move the furthest star,' as Paul Dirac exclaimed in 1933. This is a very different picture from Newton's universe of mechanical order. Rather than functioning as a giant cosmic clock, the universe seems to be an undivided whole."[63(p.22)] And, this undivided whole includes both the inner and outer universe.

Quantum physics is wonderfully mysterious and yet proven by science to be real. It disproves the mechanical philosophy of early science, and it shows us that there is an energy and connectedness to the universe at its most fundamental level. It is this energy that pulls us towards the future in an ever-evolving way by a Force that is even more mysterious. And, although the language used by Delio and others speak about an inner universe and an outer universe, there is only one universe. A whole and undivided universe in which everything seen and unseen, measured and unmeasured, is included. Accepting the notion that we are only part of the whole is paradoxically where we become whole, and become free. This type of freedom comes from surrendering to transcendence and to the Transcendent. Our modern culture teaches us that we need to fight for and defend our freedom. This is good and appropriate in the context of our national security. But, true freedom is received interiorly – a notion that is counter-cultural in America. It neither requires battle nor defense. It is simply granted to those who wish to receive. So, the question becomes, how do we put ourselves in a position to receive? If true well-being comes from relationship and unity with both the inner and outer worlds, how do we get there?

CONTEMPLATION

Going beyond our physical self towards transcendence is a transformational experience. As was discussed earlier, transcendence can move us towards what it truly means to be well. In order to experience transcendence, a certain kind of openness is necessary that allows for an ability to receive. There can be many entry points into transcendence, and we briefly discussed how we could experience transcendence through social networks in the previous chapter. Another way to experience transcendence is through contemplation. In a secular way, contemplation has been described as the action of looking thoughtfully at something for a long time – such as a favorite painting or the ocean. But, in a spiritual sense, it is a form of prayer, one that is described as "a divinely infused prayer."[127] In other words, during contemplation, we open ourselves to receive from God that which God intends for us to receive. No effort on our part is needed other than placing ourselves in a position to receive. This is many times done through quiet, stillness, and silence – which are all very difficult in our modern way of living. However, there are many entry points into contemplation. Some of these entry points can include chanting, walking, running, dancing, drumming, yoga, and tai chi.[128] Still others include prayer beads, gestures, breathing exercises, a pilgrimage, meditation, and fasting.[128] Becoming contemplative can also happen through specific types of prayer such as the Examen, Lectio Divina, a centering prayer, a welcoming prayer, the YHWH prayer, and many others.[128] As this list shows, there is no one particular method of entering into contemplation. The important point about contemplation is understanding that we must first allow ourselves to be open and, in a position, to receive from the Divine.

Fr. Richard Rohr, Franciscan priest, mystic, and founder of the Center for Action and Contemplation encourages people to try several methods of contemplation.[128] Rohr describes contemplation as a prayer that allows us to silently and openly be in God's presence. As he describes it, contemplation will enable us to "re-wire our brains to think non-dually with compassion and kindness, and a lack of attachment to the ego's preference."[128] This can allow for a greater sense of freedom and less stress in our daily lives and result in greater resiliency and happiness. Contemplation moves us beyond language to experience God as Mystery. This is where we let go of our need to judge, defend, evaluate, and to accept paradox and know that its true source is in God.[128] As Rohr says, "contemplative prayer is a practice for a lifetime, never perfected yet always enough."[128] There are several sources where more information about contemplative practices can be found. Three of the most notable are the Center for Action and Contemplation (https://cac.org), the Contemplative Outreach (https://www.contemplativeoutreach.org), and Gravity — a Center for Contemplative Activism (https://gravitycenter.com). Each of these sources has information and resources that delve deeply into contemplation and how to live a contemplative life.

Throughout this book, we have discussed the evolution of Americans in our Modern Era. We have seen how our modern way of living is busy, over stimulated, and fast paced. And, because of this, it may be easy to say that one doesn't have time for contemplative practices. A lack of time seems to be a reality for most Americans. But, it is possible to become more contemplative without totally separating from society. For example, in an earlier chapter, we discussed the notion of tinkering and how it is something less-than the necessary transformation to achieve well-being. Even though this may be true, tinkering practices can be an excellent conduit towards contemplation. For example, healthy lifestyle behaviors such as walking, jogging, bike riding, yoga, and many others can positively affect physical health (outer universe), and can also positively affect spiritual health (inner universe), thereby leading a person to wholeness and well-being. The endorphins that are felt during exercise can put a person in a state of mind that is receptive to divine prayer (i.e., contemplative prayer). If the exercise is taking place outside, this immersion with the outer world can further help us appreciate the wonder of nature and make us feel connected to the larger whole of the cosmos. This is transcendence. When we feel part of the whole and realize that everyone else is also part of the same whole, we begin to break down our dualistic walls and individualistic tendencies. We realize that we are connected with everyone else in the world. As a result, we set aside our tendencies to judge, defend, and evaluate and start living in relational peace – a peace that is the exact opposite of stress.

THE EXAMEN

In the 16th century St. Ignatius of Loyola founded the Jesuit order of Catholic priests. One important charism of St. Ignatius was his philosophy of being a contemplative in action. He taught his followers to be contemplative not by completely separating themselves from society, but by doing so through the context of day-to-day life. He believed that giving glory to God is done through our actions, so he taught his followers to pray in such a way that it would guide their daily lives. Ironically, Ignatian philosophy is similar to our "action" way of modern living in America and could be a good model for us as we move towards greater transcendence in today's world.

St. Ignatius was a practical man and wanted to give people tools that they could use in their spiritual practices. For example, he developed the spiritual exercises that are often used today.[129] From the spiritual exercises, the Examen prayer was developed as a way to be more contemplative in our day-to-day lives.[130] For Ignatius, being a contemplative in action meant frequently taking the time to stop our activities (e.g., work, studying in school, taking kids to practice) and to reflect. This pause allows us to avoid becoming mindless in our activities and to acknowledge what we are doing. Further, the reflection that comes during the pause allows us the ability to receive. Sometimes the receiving can be in the form of gratitude; other times, it is in the ability to make connections between seemingly disconnected experiences, and still other times, it is in the awareness of emotions. As the pause comes to an end, and we return to our activities, as we all must do, we allow our reflection (contemplation) to guide our actions going forward. This is the essence of the Examen prayer. In the pace of modern-day life, a 15-minute pause and reflection can be powerful tools for contemplation and greater transcendence.

MEDITATION

Meditation is often thought to be the same as contemplation. Although they are similar, there is one important difference, and it has been explained by knowing the source of the prayer. Meditation, when used as a form of prayer, is "a human mode of prayer," where the initiation of the prayer comes from us as humans.[127] Conversely, contemplation is a divinely infused prayer where the initiation comes from God. Although they are distinctly different, meditation may be one of the best methods we can use to put ourselves in a position to receive, and therefore lead us to contemplation and transcendence.

The central thesis of this book has been to show that our American way of life can lead us to feelings of continual stress and that this stress may be one of the major underlying causes of our chronic illnesses. Meditation, in general, is an extremely effective method to help cope with chronic stress. But, one particular method of meditation has produced so much positive research towards relieving stress, that it requires further mentioning. Previously in chapter two, we discussed the origins of chronic stress research in the early 1900s. In addition to the work of Hans Selye, one of the significant discoveries about stress during this time came from Walter Cannon at Harvard University. Through his research, Cannon was able to describe the pathophysiology behind an acute stress response, also known as the "fight or flight stress response."[131] Ironically, fifty years later, in the same lab at Harvard University, Herbert Benson discovered how to elicit the opposite of the acute stress response. It is something he called the Relaxation Response.[131]

Dr. Benson found that by activating specific areas of the brain through simple meditation techniques, he could reduce the stress response in a similar but opposite way that stress is stimulated in the hypothalamic region of the brain.[131] Benson and his colleagues have been able to show through hundreds of studies and decades of research that regular elicitation of the Relaxation Response is an effective treatment for a wide range of illnesses that result from chronic stress. Illnesses such as high blood pressure, cardiovascular disease, gastrointestinal disorders, fibromyalgia, insomnia, anxiety, and many others have been positively affected by the Relaxation Response technique. In fact, Benson's research has shown that to the extent that any disease is caused or made worse by stress, it can be improved or reversed by the Relaxation Response.[131]

One of the reasons that the Relaxation Response is thought to be successful in so many chronic illnesses is due to its mitigation of the stress hormone cortisol. In addition, the Relaxation Response promotes deep rest that leads to decreases in muscle tension, heart rate, blood pressure, and rate of breathing.[131] The technique used to elicit the Relaxation Response is a meditation very similar to that of transcendental meditation and that of a centering prayer. The technique calls for sitting quietly in an upright posture where a single word or short phrase is gently repeated for the meditation period. When natural thoughts come into the mind during meditation, they are gently replaced by repeating the word or phrase. In the Relaxation Response, the word or phrase can be anything meaningful to the individual. But, in the centering prayer, the word is something sacred and in relation to God. This simple meditation is performed one to two times daily for about twenty minutes each.

It is worth mentioning that the Relaxation Response and transcendental meditation have produced a great deal of biomedical research demonstrating the positive effects that meditation can have on relieving stress and mitigating certain chronic illnesses. Because the research to date has been extraordinarily positive and biomedical in nature, it can be easy to look at this from purely secular and biomedical perspectives. However, something that must be considered regarding the benefits of meditation relates its ability to allow for presence and the positioning to receive from the Divine. Our modernity has conditioned us to view the benefits of meditation from a psychological stance where the benefits gained come only from brain chemistry changes. Certainly, these physiological changes occur and have been proven so. But, does meditation, contemplation, and ultimately transcendence show positive results relative to stress solely due to physiological changes, or is there something more? Could it be possible that the greater consciousness that occurs as a result of transcendence is the explanation for the physiological changes? Further, do meditation and contemplation reconnect our inner universe with our outer universe to create greater wholeness, thus manifesting in measurable outcomes such as lower blood pressure and anxiety? These questions and others are worth exploring further as we evolve closer to our understanding of chronic illness and our reconnection of humans with the cosmos.

CONCLUSION

When thinking about the challenges of modern times, it is often easy to wish for days gone by and for simpler times as if they would be better than what we have today. If we could turn the clock back, life would somehow be more manageable and less stressful. In 2017, Egger and colleagues published a book entitled, *Lifestyle Medicine* that discussed the prevention and management of chronic illness from environmental and personal health-behavior perspectives.[132] At one point in the book Egger was discussing illnesses that originated from human activity and stated, "Any suggestion of halting human progress and returning to Paleolithic conditions would be akin to trying to wipe out all germs – good and bad – to manage infections."[132(p.42)] As Delio points out, evolution is part of the Grand plan, and it is inherently good and rooted in Love.[63] We are a living part of the evolution of nature, and there is no turning back. The Modern Era has brought with it certain challenges, especially related to chronic illness. But, it has also ushered in many wonderful qualities that are to be embraced and celebrated.

Throughout *Chronically American*, we explored the notion that our American way of life has perhaps contributed in a significant way to our ever-rising incidence of chronic illness. Conditions such as anxiety, depression, obesity, and diabetes have never been higher in this country, and current trends are expected to continue. The most significant factors affecting our health appear to come from sources that are socially related and that promote chronic stress as an underlying cause of many chronic illnesses. The impact of stress has been pathophysiologically shown to speed up cell death, increase our risk for illnesses such as diabetes, and promote low resiliency by increasing our risk for burnout. But, the origins of our chronic illnesses must not be blunted by a biomedical and reductionistic way of thinking that has consumed our discourse for the past three centuries. For a true understanding of chronic illness, we must look beyond what we can physically see and measure. One of the byproducts of our evolution of science has been the separation of our physical outer-self from our spiritual inner-self. For the past 300 years, science and religion have been disconnected, with each proving its impact on humanity in separate discussions. In short, the outer world and the inner world are independent, with little acknowledgment that they are part of the same whole. To achieve well-being means to achieve wholeness. This means unity – science acknowledging religion and religion acknowledging science, both as necessary and distinct parts of the same whole.

Chronically American has expressed the notion that the Modern Era greatly values power and personal agency as a high standard of life, especially in America. It has helped us become a superpower on the world stage, and has also guided our ideals of individualism, perfectionism, and the need for achievement to make us feel like a valued part of society. These characteristics have contributed to our ever-rising trends in chronic stress. But, these ideals are inconsistent with health and the whole-est sense of well-being. A central thesis of *Chronically American* is to show that when we look for power, personal agency, and freedom from the external world, it doesn't lead to well-being. It leads to anxiety, fear, and chronic stress. The external world will likely always include temptations that draw us towards power, money and fame as a filler for inner peace. These are not substitutions for transcendence nor pathways to love. Our lives can be improved by external advances such as technology, but true inner peace cannot be achieved by looking outward. Instead, a repositioning towards transcendence is where we can find interior freedom. A kind of freedom that is based on love, not fear. A kind of freedom that comes paradoxically by giving up power and control to the Transcendent and not by controlling the outer world out of fear. This will be the source of well-being, happiness, and lower chronic illness. Chronicities of modernity will be a non-issue if we live interiorly because as we view our inner world as okay, we view our outer world as okay, too. In this sense, we will understand that both the inner and outer worlds are just one world — separate parts of the same whole. If we can see the unity of our own inner and outer worlds as part of the same whole and connected with the wholeness of the cosmos, then we can also view others the same. In doing so, we break down dualism and the walls that divide us. And, paradoxically, this enhanced attention to the inner-self will allow us to realize that relationalism and collectivism are movements towards self-healing and well-being and that individualism and isolation are movements elsewhere. The Source of true health and well-being is as readily available as it has always been. This Source does not require more work, more power, more money, more achievement, or more measurement. It only requires presence, stillness, and a posture that allows us to receive.

REFERENCES

1. Ho JY, Hendi AS. Recent trends in life expectancy across high income countries: retrospective observational study. *BMJ.* 2018;362:k2562. http://dx.doi.org/10.1136/bmj.k2562

2. Achievements in public health, 1900-1999: Control of infectious diseases. *Morbidity and Mortality Weekly Report.* Centers for Disease Prevention and Control. 1999;48(29):621-629.

3. Aminov RI. A brief history of the antibiotic era: Lessons learned and challenges for the future. *Front Microbiol.* 2010; 1:134. DOI=10.3389/fmicb.2010.00134

4. Buttorff C, Ruder T, Bauman M. Multiple Chronic Conditions in the United States. RAND Corporation. Document TL-221-PFCD. DOI: 10.7249/TL221. 2017. https://www.rand.org/pubs/tools/TL221.html. Accessed on: December 2, 2019.

5. Chronic Disease Overview. Centers for Disease Control and Prevention. U.S. Department of Health and Human Services https://www.cdc.gov/chronicdisease/about/index.htm. Accessed on: December 2, 2019.

6. Heidenreich PA, Trogdon JG, Khavjou OA, Butler J, Dracup K, et al. Forecasting the Future of Cardiovascular Disease in the United States. A Policy Statement from the American Heart Association. *Circulation.* 2011;123:933-944.

7. Lenz TL. Diabetes. In: *Lifestyle Medicine for Chronic Diseases.* Omaha, Neb: Independent Publisher; 2019:133-142.

8. Fang MA. Trends in the prevalence of diabetes among U.S. adults: 1999-2016. *Am J Prev Med.* 2018;55(4):497-505.

9. Lenz TL. Obesity. In: *Lifestyle Medicine for Chronic Diseases.* Omaha, Neb: Independent Publisher; 2019:103-112

10. Hales CM, Carroll MD, Fryar CD, Ogden CL. Prevalence of obesity among adults and youth: United States, 2015–2016. *NCHS Data Brief,* no 288. Hyattsville, MD: National Center for Health Statistics. 2017.

11. Feldscher K. Alarming obesity projections for children in the U.S. *The Harvard Gazette.* November 28, 2017. https://news.harvard.edu/gazette/story/2017/11/harvard-study-pinpoints-alarming-obesity-trends/. Accessed on: December 2, 2019.

12. Long-Term Trends in Diabetes, April 2017. Centers for Disease Prevention and Control. Division of Diabetes Translation.

https://www.cdc.gov/diabetes/statistics/slides/long_term_trends.pdf. Accessed on December 2, 2019.

13. Bandelow B, Michaelis S. Epidemiology of anxiety disorders in the 21st century. *Dialogues Clin Neurosci.* 2015;17(3):327–335.

14. Burton R. *The Anatomy of Melancholy.* London, UK: 1621

15. Sterns PN. *American Fear: The causes and consequences of high anxiety.* Routledge, Taylor & Francis Group., New York. 2006.

16. Tops H, Habel U, Abel T, Derntl B, Radke S. The verbal interaction social threat task: A new paradigm investigating the effects of social rejection in men and women. *Front Neurosci.* 2019;13:830.

17. Any Anxiety Disorder. National Institutes of Mental Health. National Institutes of Health. U.S. Department of Health and Human Services. Statistics: https://www.nimh.nih.gov/health/statistics/any-anxiety-disorder.shtml. Accessed on December 2, 2019.

18. Anxiety Fact Sheet. American Academy of Pediatrics. https://www.aap.org/en-us/advocacy-and-policy/aap-health-initiatives/resilience/Pages/Anxiety-Fact-Sheet.aspx. Accessed on December 2, 2019.

19. Shensa A, Sidani JE, Dew MA, Escobar-Viera CG, Primack BA. Social media use and depression and anxiety symptoms: A cluster analysis. *Am J Health Behav.* 2018;42(2):116-128.

20. Depression and Other Common Mental Disorders: Global Health Estimates. Geneva: World Health Organization; 2017. License: CC BY-NC-SA 3.0 IGO.

21. U.S. Department of Health and Human Services. Public Health Service. Ten Leading Causes of Death in the United States. Atlanta (GA):Bureau of State Services, July 1980.

22. McGinnis JM, Foege WH. Actual Causes of Death in the United States. *JAMA.* 1993;270(18):2207-2212.

23. Lantz P, et al. Socioeconomic Factors, Health Behaviors, and Mortality: Results from a Nationally Representative Prospective Study of US Adults. *JAMA.* 1998;279(21):1703-1708.

24. McGinnis JM. The Case for More Active Policy Attention to Health Promotion. *Health Affairs.* 2002;21(2):78-93.

25. Mokdad A, et al. Actual Causes of Death in the United States, 2000. *JAMA.* 2004;291(10):1238-1245.

26. Danaei G. et al. The Preventable Causes of Death in the United States: Comparative Risk Assessment of Dietary, Lifestyle and Metabolic Risk Factors. *PLoS Medicine.* 2009;6(4):e1000058.

27. World Health Organization. Global Health Risk: Mortality and Burden of Disease Attributable to Selected Major Risks. Geneva:WHO. 2009.

28. Booske B, Athens JK, Kindig DA, Park H, Remington PL. Different Perspectives of Assigning Weights to Determinants of Health. County Health Rankings Working Paper. Madison: University of Wisconsin Population Health Institute. 2010. https://uwphi.pophealth.wisc.edu/publications/other/different-perspectives-for-assigning-weights-to-determinants-of-health.pdf. Accessed on: December 2, 2019.

29. Stringhini S, et al. Association of Socioeconomic Position with Health Behaviors and Mortality. *JAMA.* 2010;303(12):1159-1166.

30. Thoits P. Stress and Health: Major Findings and Policy Implications. *Journal of Health and Social Behavior.* 2010;51 Suppl:S41-53.

31. Schroeder SA. We Can Do Better-Improving the Health of the American People. *J Engl J Med.* 2007;357:1221-1228.

32. Givens M. Gennuso K, Jovaag A, Willems Van Dijk J. 2017 County Health Rankings Key Findings Report. County Health Rankings and Roadmaps. University of Wisconsin Population Health Institute. March 2017. http://www.countyhealthrankings.org/reports/2017-county-health-rankings-key-findings-report. Accessed on December 2, 2019.

33. Marmot M, Friel S, Bell R, Houweling TAJ, Taylor S. Closing the Gap in a Generation: Health Equity Through Action on the Social Determinants of Health. *Lancet.* 2008;372:1661-1669.

34. Hood CM, Gennuso KP, Swain GR, Catlin BB. County Health Rankings. Relationships Between Determinant Factors and Health Outcomes. *Am J Prev Med.* 2016;50(2):129-135.

35. 1790 Fast Facts. United States Census Bureau. https://www.census.gov/history/www/through_the_decades/fast_facts/1790_fast_facts.html. Accessed on December 2, 2019.

36. Population Clock. United States Census Bureau. https://www.census.gov/. Accessed on December 2, 2019.

37. A changing world population. The World Bank. October 8, 2018. https://datatopics.worldbank.org/world-development-indicators/stories/a-changing-world-population.html. Accessed on December 2, 2019.

38. INDDEX Project (2018), Data4Diets: Building Blocks for Diet-related Food Security Analysis. Tufts University, Boston, MA. https://inddex.nutrition.tufts.edu/data4diets. Accessed on December 2, 2019.

39. History of Stress. Center for Studies on Human Stress. https://humanstress.ca/stress/what-is-stress/history-of-stress/. Accessed on December 2, 2019.

40. Seaward BL. *Managing Stress. Principles and Strategies for Health and Well-Being,* 7th Ed. Jones & Bartlett Learning. Burlington, MA. 2012.

41. American Institute of Stress. Stress Research. 2014 Stress Statistics. http://www.stress.org. Accessed on December 2, 2019.

42. Miller GE, Chen E, Zhou ES. If it goes up, must it come down? Chronic stress and the hypothalamic-pituitary-adrenocortical axis in humans. *Psychological Bulletin.* 2007;133(1):25-45.

43. Epel ES, et al. Cell Aging is Relation to Stress Arousal and Cardiovascular Disease Risk Factors. *Psychoneurodendocrinology.* 2006;31(3):277-287.

44. Gotlib IH, et al. Telomere Length and Cortisol Reactivity in Children of Depressed Mothers. *Molecular Psychiatry.* 2015;20(5):615-620.

45. Oliveira BS, et al. Systematic Review of the Association between Chronic Social Stress and Telomere Length: A Life Course Perspective. *Ageing Research Reviews.* 2016;26:37-52.

46. Epel ES, Blackburn EH, Lin J, Dhabbar FS, Alder NE, Morrow JD, Cawthon RM. Accelerated Telemere Shortening in Response to Life Stress. Preceeding of the National Academy of Sciences of the United States of America. 2004;101(49):17312-17315.

47. Blackburn EB, Apel E. *The Telomere Effect. A Revolutionary Approach to Living Younger, Healthier, Longer.* Grand Central Publishing. New York. 2017.

48. Norberg M, Stenlund H, Lindahl B, Anderson C, Eriksson JW, Weinehall L. Work stress and low emotional support is associated with increased risk of future type 2 diabetes in women. *Diabetes Res Clin Pract.* 2007;76(3):368-377.

49. Heraclides A, Chandola T, Witte DR, Brunner EJ. Psychological stress at work doubles the risk of type 2 diabetes in middle-aged women. *Diabetes Care.* 2009;32(12):2230-2235.

50. Lian Y, Sun Q, Guan S, et al. Effects of changing work stressors and coping resources on the risk of type 2 diabetes: the OHSPIW cohort study. *Diabetes Care.* 2018;41:453-460.

---

51. Eriksson A-K, Ekbom A, Granath F, Hilding A, Efendic S, Ostenson C-G. Psychological distress and risk of pre-diabetes and type 2 diabetes in a prospective study of Swedish middle-aged men and women. *Diabet Med.* 2008;25:834-842.

52. Harris ML, Oldmeadow C, Hure A, Luu J, Loxton D, Attia J. Stress increases the risk of type 2 diabetes in women: a 12-year longitudinal study using causal modeling. *PLoS One.* 2017;12(2). e0172126

53. Faulenbach M, Uthoff H, Schwegler K, Spinas GA, Schmid C, Wiesli P. Effects of psychological stress on glucose control in patients with type 2 diabetes. *Diabet Med.* 2012;29:128-131.

54. Indelicato L, Dauriz M, Santi L, et al. Psychological distress, self-efficacy and glycemic control in type 2 diabetes. *Nutr Metab Cardiovasc Dis.* 2017;27:300-306.

55. Asuzu CC, Walker RJ, Williams JS, Egede LE. Pathways for the relationship between diabetes distress, depression, fatalism and glycemic control in adults with type 2 diabetes. *J Diabetes Complications.* 2017;31:169-174.

56. National Diabetes Statistics Report. Centers for Disease Control and Prevention. https://www.cdc.gov/diabetes/data/statistics/statistics-report.html. Accessed on December 2, 2019.

57. Physician Burnout. Agency for Healthcare Research and Quality. Rockville, MD. https://www.ahrq.gov/prevention/clinician/ahrq-works/burnout/index.html Accessed on December 2, 2019.

58. Physician burnout: a global crisis (editorial). *Lancet.* 2019;394:93.

59. West CP, Dyrbye LN, Shanafelt TD. Physician burnout: Contributors, consequences, and solutions. *J Intern Med.* 2018;283(6):516-529.

60. Dean W, Talbot SG. Moral injury and burnout in medicine: a year of lessons learned. STAT. July 26, 2019. https://www.statnews.com/2019/07/26/moral-injury-burnout-medicine-lessons-learned/. Accessed on December 2, 2019.

61. Lenz TL. *Lifestyle Medicine for Chronic Diseases.* Prevention Publishing. Omaha (NE). 2013.

62. Big Six Era. The Great Global Convergence, 1400-1600CE. University of California Los Angeles, Department of History, Public History Initiative. https://whfua.history.ucla.edu/eras/era6.php. Accessed on December 2, 2019.

63. Delio I. *A Hunger for Wholeness: Soul, Space, and Transcendence.* Paulist Press. New York. 2018.

64. The Scientific Revolution (1525-1725). In: *Ancient Civilizations*. Houghton Mifflin Harcourt Publishing Company. Orlando. 2019. Module 22.

65. Kumar DV. Engaging with Modernity: Need for a Critical Negotiation. *Sociological Bulletin*. 2008;57(2):240-254.

66. Toulmin S. *Cosmopolis: The Hidden Agenda of Modernity*. The University of Chicago Press. Chicago. 1992.

67. Pathak A. *Indian Modernity: Contradictions, Paradoxes and Possibilities*. Gyan Publishing House. New Delhi. 1998.

68. Callinicos A. *Social Theory: A Historical Introduction*. Polity Press. Cambridge. 1999

69. Levy MJ. *Modernization and the Structure of Societies (Volumes I and II)*. Princeton University Press. Princeton. 1966.

70. Parsons T. Evolutionary Universals in Society. American Sociological Review. 1964;29(3):339-357.

71. Foucault M. *Discipline and Punish: The birth of the Prison* (translated by Alan Sheridan). Vintage Books Edition. New York. 1995.

72. Meschonnic H. Modernity. *New Literary History*. 1992;23:401-430.

73. Berman M. *All that is Solid Melts into Air: the Experience of Modernity*. Versa. London. 1982.

74. Mount CE. American individual reconsidered. *Review of Religious Research*. 1981;22(4):362-376.

75. National Center for Interprofessional Practice and Education. https://nexusipe.org/. Accessed on December 2, 2019.

76. Whitley R. Is an increase in our individualism damaging our mental health? *Psychology Today*. July 28, 2017. https://www.psychologytoday.com/us/blog/talking-about-men/201707/is-increase-in-individualism-damaging-our-mental-health. Accessed on December 2, 2019.

77. The Aspen Institute. The Relationalist Manifesto. Februrary 13, 2019. https://www.aspeninstitute.org/blog-posts/the-relationalist-manifesto/. Accessed on December 2, 2019.

78. Dickerson SS, Gable SL, Irwin MR, Aziz N, Kemeny ME. Social-evaluative threat and proinflammatory cytokine regulation: an experimental laboratory investigation. *Psychol Sci*. 2009;20(10):1237–1244.

79. Dickerson SS, Gruenewald TL, Kemeny ME. When the social self is threatened: Shame, physiology, and health. *Journal of Personality*. 2004;72:1192–1216.

80. Dickerson SS, Kemeny ME. Acute stressors and cortisol responses: A theoretical integration and synthesis of laboratory research. *Psychological Bulletin*. 2004;130:355–391.

81. Lukes S. Power and Agency. *British Journal of Sociology*. 2002;53(3):491-496.

82. Morriss P. *Power: A Philosophical Analysis*. Manchester University Press. Manchester. 1987.

83. Ratner C. Agency and Culture. *Journal for the Theory of Social Behavior*. 2000;30:413-434.

84. Bhaskar R. *The Possibility of Naturalism: A Philosophical Critique of the Contemporary Human Sciences, 2nd Ed*. Harvester Weatsheaf. New York. 1989.

85. Ford ES, Li C, Zhao G, Pearson WS, Capewell S. Trends in the prevalence of low risk factor burden for cardiovascular disease among United States adults. *Circulation*. 2009;120:1181-1188.

86. Liu Y, Croft JB, Wheaton AG, Kanny D, Cunningham TJ, Lu H, et al. Clustering of Five Health-Related Behaviors for Chronic Disease Prevention Among Adults, United States, 2013. *Prev Chronic Dis*. 2016;13:160054.

87. Wiedman D. Globalizing the Chronicities of Modernity. Diabetes and the Metabolic Syndrome. In: *Chronic Conditions, Fluid States: Chronicity and the Anthropology of Illness*. Eds. Manderson L, Smith-Morris C. Rutgers University Press. New Jersey. 2010:38-53.

88. Katz DL. *The Truth About Food*. Independently Published. 2018.

89. Malito A. Grocery stores carry 40,000 more items then they did in the 1990s. Market Watch. June 17, 2017. https://www.marketwatch.com/story/grocery-stores-carry-40000-more-items-than-they-did-in-the-1990s-2017-06-07. Accessed on December 2, 2019.

90. Baraldi LG, Martinez Steele E, Canella DS, Monteiro CA. Consumption of ultra-processed foods and associated sociodemographic factors in the USA between 2007 and 2012: evidence from a nationally representative cross-sectional study. *BMJ Open*. 2018;8(3):e020574. Published 2018 Mar 9. doi:10.1136/bmjopen-2017-020574

91. Fonseca C, Fleischer S, Rui T. The Ubiquity of Chronic Illness. *Medical Anthropology*. 2016;35(6):588-596.

92. Smith-Morris C. The Chronicity of Life, the Acuteness of Diagnosis. In: *Chronic Conditions, Fluid States: Chronicity and the Anthropology of Illness*. Eds. Manderson L, Smith-Morris C. Rutgers University Press. New Jersey. 2010:21-37.

93. Estroff SE. Identity, Disability, and Schizophrenia: The Problem with Chronicity. In: *Knowledge, Power, and Practice: The Anthropology of Medicine and Everyday Life*. Eds. Lindenbaum S, Lock M. University of California Press. Berkeley. 1993:247-286.

94. Le Corre E. The History of Physical Fitness. Fitness, Health and Sports. July 19, 2016. http://www.artofmanliness.com/2014/09/24/the-history-of-physical-fitness/. Accessed on December 2, 2019.

95. Rind E, Jones A, Southall H. How is post-industrial decline associated with the geography of physical activity? Evidence from the Health Survey for England. *Social Science & Medicine (1982)*. 2014;104(100):88-97.

96. Wiedman D. Native American Embodiment of the Chronicities of Modernity. *Medical Anthropology Quarterly*. 2012;26(4):595-612.

97. Millan B, 2015 Dietary Guidelines Advisory Committee. Scientific Report of the 2015 Dietary Guidelines Advisory Committee. Advisory Report to the Secretary of Health and Human Services and Secretary of Agriculture. U.S. Department of Health and Human Services. February 2015. Available at: https://health.gov/dietaryguidelines/2015-scientific-report/. Accessed on: October 23, 2017.

98. Karatsu H. Improving the Quality of Life Through Technology. In: *Globalizing Technology: International Perspectives*. Eds. Mourayama JH, Stever HG. National Academies Press. Washington. 1988:177-180.

99. Ortiz E, Clancy CM. Use of Information Technology to Improve the Quality of Health Care in the United States. *Health Services Research*. 2003;38(2):xi-xxii.

100. Facebook Newsroom. Stats. Facebook. https://newsroom.fb.com/company-info/. Accessed December 2, 2019.

101. Business Wire. Snap Inc announces second quarter 2019 financial report. https://www.businesswire.com/news/home/20190723005897/en/. Accessed on December 2, 2019.

102. Alter A. *Irresistible. The Rising of Addictive Technology and the Business of Keeping us Hooked*. Penguin Press. New York. 2017.

103. Wilkinson R, Pickett K. How Inequality Gets Under Your Skin. In: *The Spirit Level. Why Greater Equality Makes Societies Stronger*. Bloomsbury Press. New York. 2010:31-48.

104. Twenge JM. The Age of Anxiety? Birth Cohort Change in Anxiety and Neuroticism, 1952-1993. *Journal of Personality and Social Psychology.* 2007;79(6):1007-1021.

105. Collishaw S. Maughan B, Goodman R, Pickles A. Time Trends in Adolescent Mental Health. *Journal of Child Psychology and Psychiatry.* 2004;45(8):1350-1362.

106. Wiedman D. Type II Diabetes, Technological Developments and the Oklahoma Cherokee. In: *Encounters in Biomedicine: Case Studies in Medical Anthropology.* Ed. Baer H. Gordon and Breach. New York. 1987:43-71.

107. Wiedman D. Adiposity and Longivity: Which Factor Accounts for the Increase in Type II Diabetes Mellitus When Populations Acculturate to an Industrial Technology? *Medical Anthropology.* 1989;11(3):237-254.

108. Wiedman D. American Indian Diets and Nutritional Research: Implications of the Strong Heart Dietary Study, Phase II for Cardiovascular Disease and Diabetes. *Journal of the American Dietetic Association.* 2005;105(12):1874-1880.

109. Wiedman D. Striving for Healthy Lifestyles: Contributions of Anthropologists to the Challenge of Diabetes in Indigenous Communities. In: *Indigenous Peoples and Diabetes: Community Empowerment and Wellness.* Eds. Ferreira ML, Lang GC. Carolina Academic Press. Durham (NC). 2005:511-534.

110. Foucault M. *The Birth of the Clinic. An Archeology of Medical Perception* (translated by Sheridan AM). Vintage Books. New York. 1994.

111. Stone C, Trisi D, Sherman A, Taylor R. A guide to statistics on historical trends in income inequality. Center on Budget and Policy Priorities. August 21, 2019. https://www.cbpp.org/research/poverty-and-inequality/a-guide-to-statistics-on-historical-trends-in-income-inequality. Accessed December 2, 2019.

112. Institute for Policy Studies. Inequality.org. Facts: wealth inequity in the United States. https://inequality.org/facts/wealth-inequality/. Accessed on December 2, 2019.

113. Schneider EC, Sarnak DO, Squires D, Shah A, Doty MM. Mirror Mirror 2017: International comparison reflects flaws and opportunities for better U.S. health care. The Commonwealth Fund. https://interactives.commonwealthfund.org/2017/july/mirror-mirror/. Accessed December 3, 2019.

114. Moody J, White DR. Structural cohesion and embeddedness: A hierarchical concept of social groups. *American Sociological Review.* 2003;68:103-27.

115. Chuang YC, Chaung KY, Yang TH. Social cohesion matters in health. *International Journal for Equity in Health.* 2013;12.

http://www.equityhealthj.com/content/12/1/87

116. Christakis NA, Fowler JH. *Connected: How your friends' friends' friends' affect everything you feel, think and do.* Back bay Books. New York. 2009.

117. Christakis NA, Fowler JH. The spread of obesity in a large social network over 32 years. *N Eng J Med.* 2007;357:370-379.

118. Christakis NA, Fowler JH. The collective dynamics of smoking in a large social network. *N Eng J Med.* 2008;358:2249-2258.

119. Fowler JH, Christakis NA. Dynamic spread of happiness in a large social network: Longitudinal analysis over 20 years in the Framingham Heart Study. *BMJ.* 2008;337. DOI: 10.1136/bmj.a2338.

120. Fowler JH, Christakis NA. Cooperative behavior cascades in human social networks. *PNAS.* 2010;107(12):5334-5338.

121. Habermas J. *The Theory of Communicative Action, Volume One. Reason and the Rationalization of Society* (translated by McCarthy T). Beacon Press. Boston. 1984.

122. Habermas J. *The Theory of Communicative Action, Volume Two. Lifeworld and System: A Critique of Functionalist Reason.* (translated by McCarthy T). Beacon Press. Boston. 1987.

123. McIntosh D. Language, Self, and Lifeworld in Habermas's "Theory of Communicative Action". *Theory and Society.* 1994;23(1):1-33.

124. Wertheim M. *The Pearly Gates of Cyberspace: A History of Space from Dante to the Internet.* Norton & Co. New York. 1999.

125. Wilbur K. *Up from Eden: A Transpersonal View of Evolution.* Quest Books. Weaton, IL. 2007.

126. Wheeler JA, Zurek WH, (eds). *Quantum Theory and Measurements.* Princeton University Press. Princeton, NJ. 1983.

127. Meditation and contemplation – What is the difference? Carmelite Sisters of the Most Sacred Heart of Los Angeles. https://carmelitesistersocd.com/2013/meditation-contemplation/. Accessed December 3, 2019.

128. Contemplation. Center for Action and Contemplation. https://cac.org/about-cac/contemplation/. Accessed December 3, 2019.

129. *The Spiritual Exercises of St. Ignatius of Loyola* (translated by Elder Mullan). https://www.sacred-texts.com/chr/seil/index.htm. Accessed on December 3, 2019.

130. The Daily Examen. IgnatianSpirituality.com. Loyola Press. https://www.ignatianspirituality.com/ignatian-prayer/the-examen/. Accessed on December 3, 2019.

131. Benson H. *The Relaxation Response.* New York: Harper; 2001. (original publication in 1975)

132. Egger G, Binns A, Rossner S, Sagner M. *Lifestyle Medicine: Lifestyle, the Environment and Preventive Medicine in Health and Disease.* London: Academic Press; 2017.

Embárcate
en tu
autoestima

"Por fin he comprendido
que la autoestima no lo es todo,
sino que, simplemente,
sin ella no hay nada."

GLORIA STEINEM

Rob Solomon, M.A., L.P.C.

Embárcate en tu autoestima

Claves para afianzar
los valores personales
y una autoestima positiva

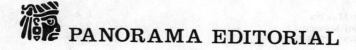

PANORAMA EDITORIAL

EMBARCATE EN TU AUTOESTIMA

Título original en inglés:
FULL ESTEEM AHEAD
Copyright © 1992 by Rob Solomon
Published by Kincaid House Publishing

Traducción al español:
  Enrique Mercado González

Primera edición en español: 1992
Primera reimpresión: 1994
© Panorama Editorial, S.A.
  Leibnitz 31, Col. Anzures
  11590 México, D.F.

Printed in Mexico
Impreso en México
ISBN 968-38-0338-5

Indice

La figura
en el espejo

Cuando obtienes lo que quieres por ser tú
y en la vida vas abriendo tu camino,
el espejo te dirá quién eres tú:
no te niegues a escuchar ese destino.

Ni tu padre, ni tu madre, novio o novia
dictarán la verdad de tu existencia.
Mira al frente y verás la cosa obvia:
quien te habla en el espejo es tu conciencia.

Te dirán que eres grande, leal y amable,
y la gente querrá estar a tu lado;
la figura en el espejo será afable,
pero habrá de exigirte ser honrado.

Siempre habrá quien prefiera divertirse
junto a ti sin pensar en la fatiga,
pero sólo hay una prueba por vivirse:
que la figura del espejo sea tu amiga.

Podrás hacer que el mundo esté a tus pies
y que te quieran, te respeten y te admiren,
pero nada habrá valido, óyelo bien,
si la figura en el espejo en ti no vive.

—Anónimo

Agradecimientos

Estoy en deuda de gratitud con los miles de estudiantes, clientes, maestros y amigos que impulsaron y criticaron las ideas y reflexiones incluidas en *Embárcate en tu autoestima*.

Quiero agradecer en especial las sugerencias y el trabajo mecanográfico de Glenda, Lorie y Donna. Agradezco asimismo la asesoría editorial que me brindaron Silvio, Betty, Dave, Richard y Janice.

Le agradezco a mi madre la inspiración que me transmitió desde niño.

A Lorraine, mi esposa: gracias por tu apoyo, tus críticas y especialmente por tu estabilidad.

A Lisa y Michael: gracias, muchachos. Gracias por enseñarme tantas cosas todos los días.

Introducción

¿Qué es la autoestima? Es la base de la vida.

La autoestima es la imagen de nuestro pasado, el punto de referencia de nuestro presente y la visión de nuestro futuro.

La autoestima influye en nuestras ideas, sentimientos y conducta. Siempre que se pretende definir la autoestima se dicen cosas como "Es la manera como se siente uno consigo mismo" o "Es la opinión que tengo de mí", definiciones que aunque no son del todo incorrectas, no abarcan —como por lo demás ocurre con casi todas las definiciones al respecto— la amplísima extensión del concepto de autoestima.

La autoestima es la suma y sustancia de lo que sentimos y pensamos a cerca de nosotros mismos y de lo que somos. Es la imagen que tenemos de nosotros mismos, la cual incluye la forma en que hemos llegado a ser lo que somos (nuestro desarrollo), lo que somos ahora (en este momento) y lo que seremos (la afirmación de nuestro potencial para el futuro). La autoestima es la imagen de nuestro propio ser, mucho más amplia y exacta que la que podríamos conseguir con una fotografía o con un retrato al óleo.

Esta autoimagen total está compuesta por un gran número de piezas, algunas de las cuales están a la vista mientras que otras permanecen ocultas. En ocasiones vemos solamente algunas partes de la imagen, en tanto que en otras percibimos todo lo que somos capaces de visualizar a través de nuestra conciencia.

La gente suele buscar atención especializada para la resolución de diversos problemas, entre ellos las adicciones, los conflictos matrimoniales, la soledad, la depresión y la angustia. Por lo general estos problemas son serios, de manera que un tratamiento especializado suele ser muy útil. Sin embargo, en la mayoría de los casos el problema no es sino el síntoma de un problema mayor, y entre los problemas más graves y reales destaca particularmente la debilidad de nuestra autoestima. Desde este punto de vista, es absurdo que nos limitemos a curar exclusivamente los síntomas. Estamos obligados a comprendernos más y mejor a nosotros mismos como individuos y como miembros de la sociedad. Tanto en el ámbito clínico como en el social, la autoestima debe ser considerada como un asunto individual. La comprensión y consolidación de nuestros valores personales, de nuestra ética individual, es esencial para nuestro desarrollo como personas, y contribuye a su vez a que adoptemos las conductas sociales generalmente aceptadas con un poderoso refuerzo moral.

En este libro habremos de considerar las diversas maneras en que es posible conocer y comprender la autoestima. Analizaremos de dónde procede y examinaremos nuestro subconsciente, así como el modo en que interactuamos con nuestra autoimagen aun sin darnos cuenta de ello.

Hablaremos de la autoestima en un contexto amplio y global. Abordaremos las claves para afianzar los valores personales y una autoestima positiva, y ofreceremos algunas ideas para formar y mantener la autoestima positiva que todos buscamos.

Rob Solomon
Beaverton, Oregon

El descubrimiento de ti mismo

La mayoría de los psicólogos sostienen que una vez que alcanzamos la edad de 5 años poseemos ya una identidad desarrollada.

Si esto es cierto, tendríamos que suponer que a lo largo de toda nuestra vida poseeremos siempre la misma imagen de nosotros mismos que nos creamos desde la infancia. Independientemente de la forma en que se desenvuelva nuestra existencia, nuestra identidad permanecerá estable. Si damos por cierto que nuestra imagen básica no puede cambiar, tendríamos que admitir que cuando llega el momento de enfrentar las dificultades de la vida disponemos de una gama de respuestas muy limitada y somos incapaces de cambiar.

Quizá es por ello que cuando surgen problemas buscamos ayuda para poder realizar algunos cambios en nosotros. Una parte de esos cambios suele ser simplemente cosmética, pero muchos otros involucran aspectos tan importantes como nuestras actitudes más arraigadas, nuestros valores más íntimos o nuestras conductas más comunes.

Es nuestra demostrada capacidad para realizar cambios significativos en nosotros la que nos permite entender a nuestra identidad como una imagen de nosotros mismos que no deja de fluir y que se halla permanentemente sujeta a todo tipo de modificaciones.

Cuando llegamos a la edad de 5 años hemos recorrido ya un largo camino que nos ha permitido descubrirnos a nosotros mismos, faceta de nuestro ser que a estas alturas de la vida suele haberse desarrollado más que todas las otras. Es entonces cuando penetra en nuestra conciencia el descubrimiento de que somos un ser vivo distinto de todo lo que nos rodea.

Desde el momento en que nacemos, somos dependientes. Nuestra alimentación, nuestro bienestar y nuestra sobrevivencia dependen de una persona ajena a nosotros. Poco a poco empezamos a explorar el mundo que nos rodea, del que con el tiempo vamos aprendiendo cada vez más cosas. Aprendemos a conocer a las personas y los objetos que forman parte de nuestro mundo. Alrededor de la edad de 5 años hemos adquirido ya la capacidad de distinguir entre nosotros mismos y los demás. Es en este momento que estamos en condiciones de comprender un aspecto clave de nuestra existencia: que somos un individuo diferente de todos los demás.

> *"Es nuestra demostrada capacidad para realizar cambios significativos en nosotros la que nos permite entender a nuestra identidad como una imagen de nosotros mismos que no deja de fluir y que se halla permanentemente sujeta a todo tipo de modificaciones".*

Nuestra individualidad va desarrollándose conforme vamos comprendiendo la naturaleza de nuestro ser. Es mediante nuestras relaciones con los demás que conocemos el tipo de individuo que somos. Las personas que viven a nuestro alrededor nos retroalimentan a través de lo que nos dicen y de la forma en que se comportan. Esta retroalimentación puede ser directa o indirecta, adecuada o inadecuada. Ella constituye la primera herramienta de que disponemos para conocernos a nosotros mismos y desarrollar nuestra identidad.

La influencia de los padres

En los primeros años de nuestra vida, nuestros padres son quienes más contribuyen al descubrimiento de nuestra identidad, motivo por el cual ellos representan la base de la comprensión que podemos alcanzar de nosotros mismos. De nuestra permanente y cercana convivencia con nuestros padres aprendemos un sinnúmero de cosas. A su vez, de nuestra interpretación de esas interacciones, de esa comunicación verbal y no verbal, depende que nuestra vida se convierta en un jardín fértil y floreciente, capaz de crecer con fuerza y vigor, o en un terreno baldío y estéril en el que nada puede desarrollarse. En prácticamente todas las circunstancias, nuestros padres nos comunican una amplia variedad de mensajes, todos los cuales contribuyen a la formación de nuestra identidad.

Aun cuando la interacción con los padres sea positiva, puede haber mensajes que un niño interprete negativamente. Cuando yo iba en segundo año de primaria, en mi escuela acostumbraban hacernos pruebas de ortografía cada semana, en las que poníamos toda la inteligencia de que puede ser capaz un niño de 7 años. El procedimiento era el siguiente: una vez que terminábamos de hacer la prueba, se la pasábamos al compañero de atrás para que la revisara y calificara, después de lo cual nos la regresaba para que lleváramos a casa y se la enseñáramos a nuestros padres, uno de los cuales la firmaba para que se la entregáramos así al maestro al día siguiente.

Como casi todos los niños, mis habilidades ortográficas no eran muy buenas, así que me causó gran sorpresa haber sacado un día 9.8 de calificación en una de las pruebas semanales. Cuando llegué a casa, entré corriendo mientras gritaba: "¡Mamá, mamá! ¡Me saqué 9.8 en la prueba de ortografía!"

Mi madre tomó la hoja, la observó detenidamente, sonrió y me dijo: "¿Y qué pasó con las otras 2 décimas?"

En otra ocasión, siendo ya adulto, mi amigo George nos invitó a un grupo de amigos a jugar póker a su casa. Luego de haber revisado lo que tenía para ofrecernos, decidió que era necesario ir a comprar papas fritas, galletas, queso y refrescos, así que le pidió a su hijo Colin, que entonces tenía 11 años de edad, que fuera a la tienda a comprar lo que necesitábamos. Antes de que el chico se fuera, le advirtió: "¡Y no se te vaya a olvidar traerme el cambio!". El muchacho salió corriendo, regresó muy poco después y dejó la bolsa con las mercancías en la mesa de la cocina, y junto, con todo cuidado, el cambio. Papá entró en la cocina, se embolsó el cambio y empezó a vaciar la bolsa. "Papas, galletas... un refresco... otro refresco; pero, ¡Dios mío!, hijo, ¿eres idiota o qué? ¡No trajiste el queso!"

Las dos anécdotas que acabo de relatar no son en absoluto inusuales. No son cosas que les ocurran únicamente a mi familia o a mis amigos. Lamentablemente, son hechos muy comunes, y a veces mucho más graves.

¿Qué es lo que ha ocurrido en estas anécdotas?

Los niños han sido heridos. Cuando somos niños, el mensaje que entendemos no es la idea implícita, o a veces relativamente explícita, de "Sé que pudiste haberlo hecho mejor" o "Alguien va a tener que regresar a la tienda", sino la de "No lo hiciste tan bien" o "Eres un idiota". ¿Por qué son éstos los mensajes que se nos quedan grabados? ¿Quiere esto decir que la mayoría de los padres son decididamente crueles?

Quienes estudian a las familias argumentan que los padres suelen tratar a sus hijos de la misma manera en que fueron tratados cuando niños. Quizá no nos gustó la forma en que fuimos tratados en nuestra infancia, pero fue la única que conocimos, el único tipo de trato que hemos vivido en nuestra experiencia personal. En consecuencia, en sus relaciones con sus hijos los padres tienden a utilizar el mismo lenguaje que escucharon cuando niños, las mismas amenazas de castigo y las mismas promesas de premios; les cuentan las mismas historias y asumen frente a ellos las mismas actitudes.

Nadie puede negar la importancia de las conductas adquiridas ni el hecho de que los padres son los maestros más importantes en la vida. Si bien es cierto que parte de la explicación de que los padres actúen de aquella manera se encuentra aquí, también lo es que los adultos no son robots incapaces de pensar y de controlar conscientemente su comportamiento. Gracias a las investigaciones realizadas en los últimos años, nos hemos enterado que está demostrado que la conducta y los comentarios de los padres tienen en los hijos un fuerte impacto. Así, basta con que deseemos modificar nuestras reacciones ante nuestros hijos para que lo consigamos, tal como sucede con frecuencia. La comunicación entre los padres y los hijos no tiene por qué ser dañina.

¿Procedemos con crueldad en forma deliberada? La gran mayoría de las veces, no. Lo que sucede es que cuando nos comunicamos con nuestros hijos casi nunca pensamos en lo que estamos haciendo. En la segunda de las anécdotas que relaté, quizá lo que ocurrió fue que antes de que se pusiera a vaciar la bolsa George había discutido con su mujer. Es muy común que canalicemos en contra de otras personas el enojo que una tercera nos ha producido.

Algunos mensajes desagradables pueden ser dichos en forma graciosa. Si se piensa bien, el comentario "¿Y qué pasó con las otras 2 décimas?" hasta puede parecer una broma. Sin embargo, hay que tomar en cuenta que los niños no poseen necesariamente el desarrollado sentido del humor de sus padres. Por el contrario, suelen sentir que son objeto de escarnio y menosprecio, de manera que no se hallan en una posición que les permita reírse de lo ocurrido.

El enojo canalizado en contra de otras personas y el humor inoportuno no son otra cosa que formas de comunicación irreflexivas y descuidadas. Es necesario que nos esforcemos en estar perfectamente conscientes de lo que decimos, de la forma en que lo decimos y de la manera en que probablemente será interpretado. Si los padres somos los principales formadores de la imagen que nuestros hijos construyen de sí mismos, es preciso que tengamos el mayor cuidado.

Todo lo que hemos dicho hasta aquí se refiere a familias normales. Hemos estado hablando de familias promedio, y aun así hemos comprobado que la comunicación intrafamiliar no siempre es constructiva, pues las más de las veces no es un acto consciente o no se recibe como se había pensado que ocurriría. Si esto ocurre en familias cariñosas y protectoras, ¿qué no sucederá en las familias abusivas?

Los padres abusivos

De acuerdo con las estadísticas, entre el 20 y 30 por ciento de los niños se desarrollan en hogares donde se practican formas de abuso extremo, ya sea físico, sexual y/o emocional. Aunque tales estadísticas puedan ser no del todo exactas o resulten discutibles los criterios para definir el abuso, lo cierto es que muchos de nosotros crecimos en hogares en los que se cometían abusos. Para comprender mejor el efecto de un medio así sobre el desarrollo de la autoestima, remitámonos a la historia de un caso familiar muy particular.

En lo primero que se nos ocurre pensar cuando se habla de estas cosas es en *Sybil*, libro que conmovió a muchas personas y que ya ha sido llevado a la pantalla. Lo cierto es que, cuando niña, la Sybil verdadera fue tratada de una manera espantosa. Su madre solía encerrarla en un clóset durante días enteros sin darle de beber ni de comer. Además, la golpeaba muy a menudo y abusaba de ella en todas las formas imaginables ¿En qué manera le afectaron a la niña todos estos traumas? ¿Qué consecuencias tuvo esta horrible y aberrante formación en la vida adulta de Sybil? La reacción de la chica a este trato extremadamente abusivo fue que desarrolló no una sino 16 personalidades distintas. El fenómeno de la doble o múltiple personalidad no suele ser muy común en los individuos; sin embargo, los terribles tormentos por los que atravesó en su infancia llevaron a Sibyl a desarrollar 16 personalidades perfectamente definidas, es decir, 16 identidades distintas y completas en sí mismas.

La mayoría de los analistas que se han preguntado el motivo de que Sybil haya desarrollado en su interior tantas personas distintas han llegado a la conclusión de que éste fue el sistema que ella halló inconscientemente para huir. Sybil tuvo que hacer inconscientemente un esfuerzo tremendo para huir de su cruel y abusiva madre, pero no se dio cuenta de que en realidad no estaba huyendo de su madre, sino de sí misma.

> *"Los hijos de padres abusivos no pueden pensar otra cosa sino que son muy "malos", y que por tanto merecen que se abuse de ellos."*

Como habría ocurrido con cualquier otro niño, Sybil pensaba que la forma en que su madre se comportaba con ella era normal. ¿Cómo habría podido saber que era todo lo contrario? No había nadie que le explicara que el trato que su madre le daba estaba muy lejos de ser normal o aceptable. Todo lo que Sybil sabía es que esa persona adulta de la que dependía por completo y a la que aceptaba ciegamente, la trataba como si fuera basura, y que esa persona mayor era su mamá, y que a las mamás y a los papás hay que obedecerlos y quererlos. Dado que, en forma natural e inocente, estaba convencida de ello, la niña Sybil no podía ver la conducta de su madre sino como correcta, adecuada y justificada.

Los hijos —todos los hijos— de padres abusivos no pueden pensar otra cosa sino que son muy "malos", y que por tanto merecen que se abuse de ellos.

Por supuesto que sabemos que esa conclusión es totalmente equivocada. Sabemos que los padres que se comportan como la madre de Sybil son personas enfermas, de las que sus hijos no son sino víctimas traumatizadas. Sin embargo, nosotros no estamos en el lugar de Sybil ni fuimos la niña que dependió para su bienestar básico de esa mujer enferma. En consecuencia, nada nos obliga a permitir que tal mujer determine nuestra identidad. A Sybil, en cambio, no le quedó otra opción que suponer que merecía ser tratada de esa manera porque era una persona terrible.

Quizá nos tranquiliza la certeza de que tanto la situación de Sybil como su respuesta a ella son casos excepcionales, pero debemos estar conscientes de que este caso excepcional representa únicamente una situación extrema que bien puede manifestarse de muchos otros modos. El abuso es una realidad imponentemente común, y por más que el fenómeno de la personalidad múltiple sea raro, lo cierto es que los niños sometidos al abuso disponen de muy pocas opciones para enfrentarlo.

Habiendo aceptado que son responsables del trato que reciben, y que por tanto son "malas" personas, la siguiente reacción de los niños en estas condiciones es la de apartarse. Este apartamiento puede tomar la forma de decidir estar solos la mayor parte del tiempo, de inventar amigos imaginarios o de crear un mundo fantasioso. En algunos casos el alejamiento puede ser extremo, tal como ocurrió en la situación de Sybil.

Evidentemente, aparte del retraimiento existen muchas otras reacciones posibles. Muchos niños deciden consciente o inconscientemente adoptar las características de la etiqueta que se les ha impuesto y ellos han aceptado, de manera que asumen conductas rebeldes o "desatadas". Crónicamente, los adultos que tienden a sentirse más molestos por este comportamiento suelen ser los que acostumbran abusar de sus hijos, de modo que ellos son los instigadores de esa conducta.

La reacción de los niños ante el abuso y la intensidad de tal reacción se relacionan directamente con el grado de intensidad del abuso mismo, con el estado de identidad infantil en el momento en que se produce, con las formas de apoyo de que se disponga y con algunos otros factores. No hay forma de predecir con exactitud la manera en que un niño reaccionará ante un abuso. No podemos pretender que si el abuso es suave, la reacción será suave también, así como tampoco que si el abuso es severo, la reacción será severa.

De lo que sí podemos estar seguros es de que los niños sometidos a abusos tienden a internalizar la conducta abusiva, a aceptar que el mensaje que por medio de ella se les transmite es que merecen ser tratados de esa forma y a alterar el desarrollo de su identidad para adecuarlo a esa imagen negativa.

Nuestros esfuerzos por conocer las raíces de la autoestima no estarían completos si pensáramos que los padres son los únicos que influyen en el desarrollo de la identidad personal. La verdad es que las semillas de nuestro desarrollo nos llegan desde todas direcciones. Desde nuestra más tierna infancia y a lo largo de nuestra niñez somos influidos no sólo por nuestros padres, sino también por los demás miembros de la familia.

Hermanos y hermanas

¿Es natural que los hermanos se peleen entre ellos? ¿Hay padres que acaso nunca se hayan hecho esta pregunta? Natural o no, la competencia entre hermanos, entre hermanas o entre hermanos y hermanas es de lo más común. Muy a menudo, la competencia no es otra cosa que un intento por conseguir que aquellas personas que son significativas para nosotros nos pongan atención. Quizá lo que estamos haciendo es buscar la atención de nuestros padres, de los demás miembros de la familia o aun de los amigos de la familia. También los hijos únicos persiguen esta atención, pero no se enfrentan a una situación de competencia dentro del hogar.

Lo que busca un niño que acostumbra reñir con su hermano o con su hermana es evaluar su comportamiento mediante la retroalimentación que recibe por medio de esas disputas. Tendemos a evaluar nuestro yo a través la retroalimentación que recibimos de aquellos que nos conceden la atención que buscamos y de la que recibimos de aquellos con los que nos peleamos. Si tenemos éxito en nuestro esfuerzo de atraer la atención, nos sentiremos confirmados o satisfechos con nosotros mismos. El mensaje que recibimos es: "Eres un buen niño y por eso me gusta estar contigo".

Si nuestros esfuerzos por atraer la atención buscada fracasan, probablemente repetiremos nuestra conducta hasta obtener la reacción esperada, o hasta que alguien intervenga o algo ocurra. En caso de que nuestra actitud no reciba respuesta alguna —es decir, si no conseguimos ningún tipo de retroalimentación—, nos sentimos terriblemente mal. Es una creencia muy extendida la de que la aflicción que provoca el ser ignorado es la peor de todas.

Quizá todo esto explique el motivo de que los niños tiendan a comportarse en una forma que bien sabe que es inapropiada. Es tanta su necesidad de obtener respuestas de parte de las personas más significativas en su familia y en su vida que siempre estarán dispuestos a hacer todo lo que sea preciso con tal de atraerse la atención que les es imprescindible.

Tal como ya se ha dicho, también recibimos mensajes de parte de aquellos con quienes competimos. Lisa siente que a ella se le concede menor atención que a su hermano Michael, de quien en consecuencia constantemente está recibiendo el mensaje de "Mamá me quiere más a mí". Tal vez el mensaje de Michael es directo, o quizá se transmite mediante el juego o alguna otra forma de comunicación indirecta, pero lo cierto es que Lisa no deja de recibirlo. Puede ser o no que, por su parte, la señora Smothers tenga preferencia por alguno de sus hijos; sin embargo, basta con que Tom y Dick perciban algún rasgo de favoritismo para verse afectados por igual.

En justicia hemos de reconocer que la mayoría de los padres se esfuerzan por favorecer a uno de sus hijos en detrimento de los demás. Aun así, cada hijo de cada familia es diferente, y todos los padres muestran tendencias naturales a privilegiar ciertas características o tipos de comportamiento sobre los demás. Los favoritismos entre los hijos —ya sea que se muestren explícita o encubiertamente, o que se les reconozca o no— ejercen sobre ellos una influencia muy poderosa. Asimismo, los efectos de las preferencia de los padres pueden incrementarse con las relaciones de competencia entre los hermanos.

En la realidad el mensaje puede ser entendido como "Yo no soy tan bueno como mi hermano o hermana para jugar basquetbol, tocar el piano, correr o dibujar", mensaje que bien puede ser comprendido como un hecho obvio de la vida, lo que en su caso sería una reacción muy saludable. Sin embargo, se corre el peligro de que el mensaje sea aplicado a todos los actos de la existencia, y que por tanto el niño que procede así se sienta siempre inferior, lo que equivaldría a interpretar el mensaje como "No soy una persona tan buena, valiosa y admirable como Sally".

Esta actitud puede estimular el surgimiento de dañinos sentimientos entre los hermanos. Al niño que los padece se le puede hacer ver que tales sentimientos son inadecuados y además falsos si se le hacen llegar mensajes directos como "El es tu hermano y debes quererlo" o "Ella es tu hermana y debes cuidarla". Sin embargo, lo más probable es que la reacción ante estos mensajes sea la culpa. El sentiminto de "No es bueno que yo sienta eso" sólo provoca confusiones en nuestra identidad. Por lo demás, el niño al que se le hace pensar esto tenderá a sentirse aún más inferior que aquellos de sus hermanos con quienes se halla en competencia, porque le dará la impresión de que ellos no albergan hacia él sentimientos similares a los que él manifiesta por ellos.

En esta época en la que la gente acostumbra casarse, divorciarse y volverse a casar, es muy común el fenómenos de las "familias mixtas".

En estas condiciones, es muy probable que los niños tengan que convivir durante una parte del día, o el día completo, con medios hermanos o medias hermanas. Si bien esta situación no modifica mayormente la dinámica competitiva entre los hermanos naturales, evidentemente que implica nuevos conflictos dadas las adicionales relaciones con los medios hermanos.

La llegada de los medios hermanos obliga a la redifinición de la familia, de modo que cada uno de los hijos que la integran se ve forzado a hallar y establecer el lugar que le corresponde en la nueva entidad familiar.

Las familias mixtas suelen ofrecerles a los hijos condiciones aún menos estables para la definición de sus roles y el establecimiento de su identidad. La pugna por ganar la atención de los demás se agudiza como consecuencia de la confusión que rodea a la estructura familiar, de manera que la intensidad de las disputas se incrementa.

Puesto que los niños se hallan en una etapa de promoción de su identidad, suelen verse tentados a endurecer sus relaciones con alguno de sus medios hermanos, ya que por lo general tenderán a sentirse menos culpables por ello que si trataran mal a alguno de sus hermanos naturales.

Bobby se llevaba muy bien con su hermana Diane. Eran hermanos naturales, pero cuando mamá se casó con Rick después de haberse divorciado de su anterior esposo, Jason pasó a ser otro de los niños de la familia. Los hermanos consideraron que Jason era un intruso. Pensaban que estaba bien que su mamá se hubiera vuelto a casar, porque así lo había deseado, pero no estaban de acuerdo con que eso se hubiera convertido en el hecho de tener que aceptar a Jason, quien venía a modificar por completo las circunstancias en las que vivían. Además, Jason sabía muy bien que el verdadero padre de Diane y Bobby ya no vivía en la casa y por tanto no volvería a formar parte de la familia nunca más. De esta manera, Jason se convirtió en el chivo expiatorio de los hermanos cada vez que a éstos les fue necesario. El medio hermano se convirtió en el blanco ideal de todas las riñas, y aunque hacía por defenderse, siempre estaba en desventaja numérica y terminaba vencido por Bobby y Diane. Las muchas batallas que Jason perdió afectaron severamente su autoestima; la mayor parte del tiempo la pasaba solo, y además se sentía lastimado.

De ahí que sea tan importante que los padres y padrastros hagan todo lo posible para que cada uno de los hijos que forman parte de la familia, ya sean biológicos o no, se sientan tan amados y valorados como todos los demás.

Los abuelos, las tías, los tíos, todos los miembros de la familia que conviven con nosotros desempeñan un papel importante en el descubrimiento de nuestra identidad y aportan lo suyo al surgimiento de la imagen que nos hacemos de nosotros mismos. Conforme vamos creciendo, va ampliándose también el círculo de personas con las que interactuamos. Es natural que cada vez que vayamos involucrando más con personas de nuestra misma edad.

Los amigos

En la década de los cincuenta, Art Linkletter conducía un programa de televisión en el que entrevistaba a los niños, arte que llegó a dominar a la perfección. Su éxito fue tal que reunió buena parte de las entrevistas en un libro que tituló *Los niños dicen las cosas más interesantes*, juicio con el que supongo que todos estaremos de acuerdo. Sin embargo, tenemos que reconocer que en ocasiones lo que los niños les dicen a otros niños no es en absoluto interesante ni gracioso, sino, por el contrario, cruel y hasta perverso, muchas veces con la deliberada intención de hacer daño. Un ejemplo clásico de lo que los niños son capaces de hacer verbalmente en contra de otros niños es el de los apodos que inventan para burlarse de ellos.

Muchos de nosotros fuimos conocidos en la infancia por el apodo que alguien nos impuso, apodo que de ninguna manera habríamos elegido para nosotros. ¿Quiénes no hemos conocido a niños apodados con los sobrenombres de *Gordo, Narices, Bulldog* o *Cuatro Ojos*? Recordemos para el caso la historia del célebre gángster de los años cuarenta y cincuenta, Ben *Bugsy* Siegel. Todos sabían que ese hombre egocéntrico, encantador y asesino no podía tolerar que le dijeran *Bugsy*, apodo que le pusieron sus

23

amigos de infancia porque coleccionaba insectos (*bugs*); sin embargo, a la gente le gustaba molestarlo así, de manera que el feroz gángster nunca pudo quitarse de encima el fastidioso sobrenombre.

¿Se ha dado cuenta de que los niños son muy astutos (más astutos que muchos adultos a los que podríamos considerar como intolerantes) para endilgarles a otros niños apodos raciales como *Negro, Chino* o *Indio*? ¿Se trata de manifestaciones de malevolencia y crueldad?

Son muchas las personas que creen que se trata de una conducta adquirida. Es muy probable que los niños que acostumbran apodar a los demás lo hayan aprendido de sus padres, quienes a su vez suelen hacer uso de esta práctica para canalizar en contra de los demás sus molestias y frustraciones. Sin embargo, los niños que se percatan de que sus padres repiten una y otra vez este comportamiento pueden llegar a pensar que se trata no sólo de una conducta aceptada, sino también de una práctica que a ellos mismos puede liberarlos de sensaciones de cólera no debidamente manifestadas. Quizá esta explicación sea la más pertinente en este caso.

> *"Nuestra pertenencia a varios grupos en los que nos sentimos aceptados, refuerza y favorece nuestra identidad."*

Hay quienes sugieren que los niños tienden a despreciar a otros niños porque de este modo se sienten bien consigo mismos. El hecho de imponerle a otra persona un apodo despectivo lleva implícita la suposición de que quien lo impone es superior. Es indudable que esto explica algunos de los sobrenombres negativos entre niños de la misma edad.

Estas manifestaciones de menosprecio no suelen darse en interacciones entre únicamente dos personas. Por lo general ocurren más bien en el contexto de un grupo, y se basan en la necesidad que todas las personas tenemos de sentir que pertenecemos a una comunidad. La necesidad de pertenencia es propia de todos nosotros, niños y adultos. Nos resulta indispensable sentirnos asociados a diversos grupos a fin de conocer y comprender mejor nuestra propia identidad, pues los grupos suelen servirnos como una suerte de espejo en el que vemos reflejada nuestra imagen. Nuestra pertenencia a varios grupos en los que nos sentimos aceptados, refuerza y favorece nuestra identidad.

Al inicio de nuestro desarrollo personal, solemos esforzarnos muy empeñosamente por individualizarnos, por descubrirnos a nosotros mismos como seres humanos diferentes a todos los demás. No obstante, en la medida en que vamos creciendo y convirtiéndonos en personas más complejas —lo cual ocurre habitualmente en los años inmediatamente anteriores a la adolescencia, y durante la adolescencia misma—, vamos interesándonos cada vez más por definirnos en el marco de un grupo.

Hasta la fecha se han realizado ya muchos estudios acerca del problema de las bandas juveniles y de su presencia cada vez más notoria en muchos países, Estados Unidos entre ellos. La conclusión más extendida entre los investigadores del tema es que las bandas representan para sus miembros una familia sustituta, en la que cada uno de sus integrantes se siente rodeado y apoyado por "hermanos". Esto tiende a suceder cuando la familia natural del muchacho ha dejado de funcionar debidamente o ya no responde a sus necesidades.

Una de las maneras más comunes y eficaces de crear grupos es la de identificar a un enemigo común, persona o personas a las que se les utiliza entonces como blanco de ataque. Si logramos convencer a tres de nuestros amigos de que Johny es un pobre tonto y un llorón con quien no conviene tener nada que ver, habremos conseguido formar un grupo cuya divisa de unidad será "No queremos saber nada de Johnny".

Personas que han sido entre sí tradicionalmente enemigas suelen convertirse muy pronto en amigas cuando enfrentan una amenaza común. La motivación que generalmente impulsa este cambio es la protección colectiva. El hecho de formar parte de un nuevo grupo se convierte en una oportunidad de afirmación individual y en un aspecto positivo del desarrollo de la identidad propia, pues constituye una prueba de la capacidad de pertenecer a una comunidad. En cambio, el hecho de ser rechazado del grupo tiene consecuencias ciertamente destructivas, que a la larga pueden resultar desastrosas.

La oportunidad de convivir con personas de la misma edad, de aprender a relacionarse con los demás y de sentirse aceptado constituye uno de los elementos más importantes para la construcción de una identidad positiva. Todos nosotros hemos vivido la experiencia de ser aceptados en algunos grupos y rechazados en otros. Tanto en nuestra edad infantil como adulta, mediante las interacciones con personas de nuestra misma edad vamos adquiriendo una gran capacidad de comprendernos a nosotros mismos, aunque por desgracia lo que en ocasiones ocurre es que nos comprendemos menos o en forma equivocada.

> *"El hecho de ser rechazado del grupo tiene consecuencias ciertamente destructivas, que a la larga pueden resultar desastrosas."*

Nuestras interacciones se incrementan con el paso de los años, de manera que nuestro círculo de amigos y conocidos va ampliándose cada vez más. Sucede entonces que pasamos menos tiempo con nuestra familia y más con otras personas. Es en ese momento que nos integramos al sistema educativo.

La escuela

Los maestros —que representan la base misma del sistema educativo— se dedican gustosamente, por lo general, a favorecer el desarrollo intelectual de los niños. En la actualidad, a la mayoría de los maestros les interesa preocuparse por cada niño en su totalidad, de modo que aparte de enseñarles la versión moderna de las materias escolares básicas, se esfuerzan por ayudarlos a desarrollar valores positivos y una identidad sólida.

Sin embargo, también es cierto que los maestros viven muy presionados por las exigencias del sistema educativo. Es muy común que los grupos a los que atienden sean excesivamente numerosos y que por tanto estén obligados a revisar toneladas de cuadernos y de trabajos de sus alumnos, a lo que hay que sumar sus responsabilidades adicionales como responsables del buen funcionamiento de la escuela, las limitaciones presupuestales que padecen y muchos otros factores. En la realidad, entonces, a los maestros les es muy difícil ocuparse de algo más que la instrucción básica que necesitan sus alumnos. Quizá en ciertos casos puedan dedicar un poco de su tiempo a aquellos estudiantes que más lo necesitan, pero la mayoría no hace sino "pasar por el sistema". Por sí misma, la falta de atención individual que de aquí resulta es ciertamente deshumanizadora. Quizá el sistema educativo no llegue al grado de hacernos daño, pero tampoco —salvo excepcionalmente, por desgracia— favorece el adecuado desarrollo de nuestra identidad. Los alumnos que por lo general suelen hacerse merecedores de mayor atención, mayores estímulos y más oportunidaddes de ver favorecida su autoestima se hallan en uno de dos casos: o son estudiantes de aprovechamiento sobresaliente, o alumnos cuya necesidad de ayuda resulta obvia. Los demás tienen que contentarse con recibir un mensaje que, en el mejor de los casos, puede ser benigno. No faltan estudiantes, sin embargo, que interpretan ese mensaje en una forma no precisamente motivadora: "Tú eres simplemente uno más entre muchos otros. No tienes nada de especial".

Los educadores que se esfuerzan por relacionarse muy de cerca con sus almunos y por impulsar sus propósitos de desarrollar al máximo sus capacidades individuales, suelen tener éxito en el combate contra los aspectos deshumanizadores del sistema. Pero si bien son muchos los maestros que ponen su mejor dedicación y habilidad en estas tareas, no son tantos como para abarcar todas las áreas de la educación. En definitiva, la generalidad de los maestros hacen lo más que pueden.

En el sistema educativo no son pocos los maestros que reaccionan de manera irreflexiva y brusca a las exigencias de los alumnos. Los maestros también son humanos, y muy a menudo se sienten muy presionados por el sistema, o incluso frustrados por el deficiente o nulo desempeño de sus estudiantes. ¿O acaso son muchos los maestros que, a sabiendas de que tal o cual alumno está dando menos de lo que es capaz, se sienten impulsados a hacer el comentario "No estás aprovechando todo tu potencial?" Estos maestros cuando menos hacen el intento de estimular a los jóvenes, de hacerles saber que su capacidad es mayor de lo que están demostrando. Sin embargo, los alumnos tienden a interpretar este mensaje como "No estás haciendo bien las cosas". Quizá es cierto que no están estudiando con tanta diligencia como podrían, o que en el salón de clases no están poniendo tanta atención como estarían en condiciones de hacer. Aunque siempre es posible que ante un comentario así el alumno responda "Tiene usted razón, voy a esforzarme más", lo más común es que los muchachos no digan nada por lo pronto y a la larga reaccionen en forma negativa.

Cuando se nos dice que no estamos haciendo las cosas tan bien como deberíamos, tendemos a reaccionar en forma defensiva. Sea cierto o no lo que se nos dice, lo más probable es que respondamos: "Estoy haciendo mi mejor esfuerzo. Si el maestro no es capaz de darse cuenta de eso, bueno, ya no me seguiré tomando la molestia de intentarlo".

Son pocas las personas que están verdaderamente conscientes de sus limitaciones. Tendemos a creer a ciegas lo que nos decimos a nosotros mismos, que casi siempre es que estamos haciendo las cosas lo mejor que podemos. Cuando a esta convicción nuestra se opone una opinión autorizada que sostiene lo contrario, podemos reaccionar de dos maneras diferentes.

Podemos aceptar que hay cosas que podríamos hacer mejor, solicitar que se nos ayude en nuestro esfuerzo por mejorar y perfeccionar realmente nuestro desempeño, con lo que logramos vencer el reto que se nos ha presentado.

Sin embargo, lo más probable es que prefiramos desistir. Nos resulta muy fácil concluir que si lo que a nosotros nos parece lo mejor no es suficientemente bueno, no tiene caso empeñarnos en hacer nuestro mejor esfuerzo. Nos molesta constatar que no se reconocen nuestros esfuerzos y que lo único que conseguimos con ellos son amonestaciones, de manera que reaccionamos con una actitud de fracaso. El fracaso nos transmite un mensaje que va más allá de nuestro desempeño en el sistema educativo. El mensaje que recibimos es de desesperanza general, la cual aumenta nuestra sensación de frustración, la que a su vez penetra en la mayoría de nuestras tentativas y actividades.

> *"El fracaso nos transmite un mensaje que va más allá de nuestro desempeño en el sistema educativo."*

Con demasiada frecuencia, este mensaje negativo y derrotista es internalizado como "No soy la persona que podría ser. No estoy dando el ancho. Algo en mí debe estar mal". Este mensaje se convierte entonces en un nuevo componente de nuestra identidad.

Todas las experiencias que un estudiante vive en su paso por la escuela —educativas, deportivas, sociales, emocionales— influyen en el desarrollo de su autoestima. Cada uno de estos elementos intervienen en la identidad de cada alumno, identidad que en esa fase de la vida apenas empieza a aflorar. Todo deja huella en el individuo: sus éxitos y realizaciones, sus fracasos y derrotas, las diversas formas de retroalimentación que esas experiencias generan (incluyendo aquí el modo en que las figuras de autoridad las manejaron).

No hay que olvidar que frente a la influencia de todos los elementos de los que hemos hablado hasta aquí —padres, hermanos, otros miembros de la familia, amigos de nuestra misma edad, maestros, etcétera—, disponemos de diversas opciones de procesamiento y almacenamiento de la retroalimentación que recibimos. Es importante percatarse de que el medio en el que nos desenvolvemos influye en nosotros en mayor o menor medida, pero lo es mucho más reconocer que, puesto que participamos activamente en la construcción de nuestra autoestima, nosotros mismos somos los primeros responsables de su desarrollo.

Los vecinos

Del mismo modo en que, cuando niños, influyen en nosotros los amigos de nuestra misma edad, conforme vamos creciendo empiezan a influir en nosotros toda clase de amigos, vecinos y conocidos. El fenómeno de "luchar por tener tanto o más que el vecino" es un hecho real. La mayoría de nosotros evalúa su posición en el mundo comparándose con los demás. ¿Estoy ganando tanto dinero como Nancy? ¿Me visto tan bien como los muchachos del club? ¿Mi corte de cabello está a la última moda?

Permanentemente nos estamos haciendo este tipo de preguntas, o similares. Muchas personas buscan la respuesta observando a las personas que conocen y comparándose con lo que perciben como sus éxitos o progresos. El principal problema en este caso es que nuestras apreciaciones pueden ser atinadas, pero también incorrectas. Además, no disponemos de suficiente información como para comprobar la veracidad de lo que percibimos en la superficie. Siendo así, hay que concederle la razón al viejo dicho según el cual no debe juzgarse a la gente si previamente no se ha estado en sus zapatos. El esposo de tu amiga te parecerá mucho más atractivo si no eres tú la que tiene que recoger del suelo sus calcetines sucios. La dama oculta en la mansión de la colina te parecerá envidiable mientras no te enteres de la soledad en la que vive.

No obstante, aunque estos mensajes se basen en percepciones inexactas, no dejan de contribuir a nuestra autoestima. Evaluamos siempre toda la información que recibimos, y por su intermedio determinamos si nuestro desempeño es mejor o peor que el de los demás. Si decidimos que es mejor, integramos al desarrollo de nuestra identidad un elemento positivo, y al revés: si estimamos que no estamos alcanzando siquiera el promedio, cargamos a nuestra identidad con componentes negativos.

A pesar de que este tipo de comparaciones tiene defectos evidentes, hay que reconocer que lo practicamos. Buena parte de nuestra tendencia a compararnos con los demás procede del carácter competitivo del sistema escolar, que se ve reforzado además por los medios de comunicación. Es indudable que nuestros amigos y compañeros de trabajo ejercen una poderosa influencia sobre nosotros, pero lo cierto es que la influencia de los medios de comunicación masiva es más permanente y opresiva, pues nos ataca todo el tiempo y en todas direcciones. La televisión, la radio, los periódicos, las revistas y las películas nos bombardean incesantemente con toda clase de información, la cual nos transmite múltiples mensajes que procesamos y archivamos en nuestra mente y que más temprano que tarde, ya sea en forma consciente o inconsciente, reflejamos en nuestra vida.

Los medios de comunicación

Hace tiempo, una compañía estadounidense que fabrica productos para el cabello llevó a cabo una ingeniosa campaña publicitaria a fin de promover sus productos para el teñido del cabello. Mientras que prácticamente todas las campañas de comercialización pretenden convencer a la gente de que adquiera determinados productos o servicios, esta empresa utilizó un *slogan* poco común —"¿Será cierto que las rubias llaman más la atención?"— para despertar una idea sugestiva: que si las mujeres usaran ese producto para teñirse el cabello de rubio, seguramente llamarían más la atección. ¿Ha conocido usted a alguien que afirme que ya llama toda la atención que le es posible y que por tanto ha alcanzado ya el mayor grado imaginable de satisfacción? No, ¿verdad? ¿Cómo, entonces, una mujer podría negarse a intentar obtener más satisfacción aún? Lo interesante de esta campaña publicitaria es que resulta atractiva no sólo para aquellas personas de baja autoestima, sino también para las mujeres de todos los demás grados de autoestimación.

Ya sea que nuestra autoestima esté tan deteriorada que hasta nos impida recordar que alguna vez hemos tenido ciertas satisfacciones, o tan bien asentada que nos hace sentirnos bien con nosotros mismos, lo cierto es que es difícil imaginar una respuesta negativa a la tentadora sugerencia publicitaria de este ejemplo.

Aun así, siempre habrá gente a la que le parezca imposible que alguien pueda creer en esas patrañas. Es verdad que no todos los consumidores aceptan como ciertos los mensajes publicitarios, pues todos sabemos que no por el hecho de comprar un aparato doméstico o un automóvil, nuestra vida va a mejorar significativamente. Claro que esta certeza es intelectual, porque ¿qué ocurre en cambio con nuestro subconsciente? ¿Estamos emocionalmente preparados para rechazar la *esperanza* inherente a aquel mensaje?

"¿Qué ocurre en cambio con nuestro subconsciente? ¿Estamos emocionalmente preparados para rechazar la esperanza inherente a aquel mensaje?"

¿Podemos acaso oponer resistencia a los mensajes de los medios de comunicación que nos sugieren que seremos hombres más fuertes y viriles si fumamos la marca de cigarrillos que acostumbran los vaqueros, o mujeres progresistas, liberadas y positivas si consumimos una marca de cigarros suaves? ¿Acaso no estamos inconscientemente dispuestos a aceptar que si bebemos cierta cerveza tendremos en la vida más éxitos sentimentales? ¿Que si las mujeres desean ser independientes, liberadas y atractivas deben poseer determinado modelo de automóvil?

Somos consumidores con cierto grado de instrucción, ¿no es así? No somos una turba de locos. Ciertamente que, en la actualidad, la sociedad ha alcanzado un grado de desarrollo mucho más avanzado y complejo que nunca antes. Puesto que somos consumidores con un alto nivel de conciencia, estamos en condiciones de saber que los modelos de conducta ideales que nos imponen los medios masivos de comunicación no persiguen otro objetivo que incitarnos a adquirir cientos de productos, ¿verdad?

La realidad es que somos incapaces de oponer resistencia a estos mensajes. Y no podemos hacerlo porque la industria de la publicidad ya dio con nuestro talón de Aquiles: somos humanos, y por tanto seres frágiles. Muchos de nosotros hemos recibido una educación muy completa, y hay quienes poseen costumbres muy refinadas y de mucho mundo; sin embargo, todos por igual somos objeto de incontables necesidades básicas. La necesidad de sentirnos cada vez mejor con nosotros mismos es un hecho universal. De esta manera, no podemos evitar vernos atrapados por los mensajes publicitarios, negocio que se ha convertido en una ciencia sumamente eficaz gracias a sus trucos, que consisten fundamentalmente en hacernos creer que los productos que se nos ofrecen remediarán nuestras deficiencias humanas y satisfarán por completo todas nuestras necesidades. Los publicistas saben cómo vender. Eso es justamente lo que permite que su negocio prospere.

Esto no quiere decir que tengamos que considerar a los publicistas como ogros malignos que pretenden victimizar a quienes padecen de una autoestima defectuosa, pues lo cierto es que dirigen sus mensajes a un sector muy amplio del género humano, a determinado grupo de la población al que consideran como el indicado para consumir cierto producto. Sin embargo, el "botón rojo" que se utiliza más comúnmente para vender toda clase de bienes y servicios —ropa, viajes, cosméticos, alimentos— es nuestro deseo innato de mejorar. Del mismo modo que nos interesa sentirnos más a gusto, nos interesa también sentirnos mejor con nosotros mismos, vernos mejor, vivir mejor y ser personas más exitosas.

La publicidad no es la única área de la vida moderna que interviene en el constante bombardeo de mensajes dirigidos a nuestra autoestima. ¿No es cierto que las películas, los programas de televisión y la información que obtenemos a través de los medios impresos están llenos de personajes de "interés humano" que poseen algo que a nosotros nos gustaría poseer? Los aspectos "más íntimos y personales" de las celebridades más famosas y de los personajes más excéntricos —que aparecen una y otra vez en todo tipo de revistas cuyo tema exclusivo es la vida de las personas ricas y famosas— suelen generar curiosidad y atención en un público muy amplio. En esa clase de información se destacan logros y deficiencias. Sin embargo, lo que la mayoría de la gente hace cuando lee o ve esas historias es compararse con tales celebridades. Como en la generalidad de los casos a la gente le es imposible medirse con esos niveles que parecen sobrehumanos, tiende entonces a internalizar ideas negativas de sí misma.

Algunos expertos aseguran que los periódicos y revistas que se dedican a exaltar el "lado oscuro", ya sea ficticio o real, de las personalidades públicas deben su popularidad al hecho de que a la gente le gusta espiar a los demás. ¿Qué es lo que pretendemos alcanzar con nuestras tendencias voyeuristas? Lo que intentamos es establecer modelos para nuestras metas y expectativas personales. Quizá deseamos sentirnos mejor a pesar de que nuestras condiciones no sean las ideales, objetivo que conseguimos por el solo hecho de enterarnos que hay personas a las que les va peor que a nosotros. Nuestro voyeurismo echa sus raíces en nuestro deseo por relacionar las condiciones en las que se encuentran los demás con las nuestras, con nuestra propia situación en la vida.

Para completar este recuento acerca de las fuentes de noticias, información y diversión a las que conocemos como medios de comunicación, también debemos incluir en él a los libros. Los libros a los que se les llama de "no ficción", como sería el caso del que en este momento tiene usted en sus manos, nos permiten allegarnos información específica, en tanto que los libros de ficción nos dan la oportunidad de entretenernos y divertirnos. A menudo, este tipo de diversión también tiene que ver con la autoestima. Así, por ejemplo, si en una novela leemos que un personaje cometió tal o cual error, de inmediato pensamos en situaciones similares que hayamos tenido que enfrentar, sólo para confirmar con satisfacción que fuimos capaces de manejar el asunto en forma mucho mejor que el personaje ficticio. Si se trata, en cambio, de un personaje dotado con un alto grado de perfección, nuestra reacción es desear parecernos a él.

Es importante hacer notar que de ninguna manera los medios de comunicación nos controlan. Cuando menos en la mayoría de los países, los medios no nos indican explícitamente cómo debemos actuar, qué es lo que debemos pensar, cómo deberíamos ser o qué cosas deberíamos hacer. Sin embargo, los medios interactúan con otros factores en los que solemos basar o construir nuestra autoestima. Los medios de comunicación colaboran con nosotros en nuestros intentos por evaluar nuestras necesidades, deseos y progresos. Es nuestra interpretación de los medios la que puede resultar benéfica o perjudicial, del mismo modo que nuestra interpretación de otros factores que influyen en nuestra autoestima puede ser positiva o negativa. En todo momento, los mensajes que extraemos de los medios de comunicación pueden favorecer, dañar o preservar nuestra identidad.

> *"...los mensajes que extraemos de los medios de comunicación pueden favorecer, dañar o preservar nuestra identidad."*

Aunque la mayoría de nosotros estamos conscientes de la poderosa influencia que los medios de comunicación pueden ejercer sobre nosotros, son pocas las personas que se dan cuenta de que nuestro subconsciente está permanentemente sujeto a una gran cantidad de mensajes. Quizá hasta creemos que las imágenes que nos transmiten los medios no tienen gran cosa que ver con nuestra afirmación personal. Sabemos que podemos resistirnos a ciertos mensajes por los que se pretende inducirnos a utilizar determinado producto, aun si la imagen que de él se nos presenta nos resulta atractiva. No obstante, esto es tan cierto como que nuestra resistencia surge al nivel de nuestra conciencia. Incluso en el caso de que no sucumbamos a la propaganda y no adquiramos el producto, el mensaje recibido puede tener en nosotros efectos laterales. La memoria humana tiene una capacidad fabulosa. Quizá no compremos el producto a fin de no dejarnos vencer por su tan atractiva imagen, pero en el fondo no dejaremos de sentir, como consecuencia del recuerdo, que no tenemos todo lo que desearíamos. Por tanto, nuestra identidad —que nunca deja de desarrollarse— recibe un mensaje negativo de gran significación: "Si tan sólo pudiera ser tan bueno, valioso y admirable, tendría todo lo que quisiera".

Es por eso que no solamente deben preocuparnos los mensajes que recibimos conscientemente, sino también los que penetran en nuestro subconsciente. Seguramente hemos adquirido ya la capacidad de distinguir los mensajes subliminales de la publicidad y de reconocer los riesgos que implican o las insidiosas sugerencias que llevan consigo, pero difícilmente estamos prevenidos contra los mensajes que publicistas sin escrúpulos suelen ocultar deliberadamente a nuestra conciencia, debido fundamentalmente a que, por fortuna, las leyes nos protegen contra tales artimañas. Aun así, es importante que nos percatemos de que hay mensajes que aunque no hayan sido expresamente ocultados, se introducen directamente en nuestra subconciencia y pueden representarnos algún peligro.

Toda la información que ejerce influencia en nosotros —ya sea que provenga de los medios de comunicación, de nuestros vecinos, amigos o familiares— puede en todo momento, y en todas las áreas de nuestra vida personal, albergarse en nuestro subconsciente. En un capítulo posterior hablaremos más detalladamente del modo en que funciona nuestra subconciencia y de las consecuencia que puede tener la información que se aloja en ella.

Tal como lo hemos venido exponiendo, son muchos y muy diversos los factores que intervienen en el desarrollo de nuestra identidad, entre los cuales se cuenta también la religión, cualquiera que ésta sea.

La religión

Las religiones nos ofrecen un modelo de vida, un esquema que nos ayude a estructurar nuestra existencia y una base para comprender los acontecimientos de la realidad. Las religiones debidamente organizadas suelen proporcionarnos una sensación de tranquilidad y un fundamento en el cual apoyar nuestro desarrollo. En cuanto que constituye una guía orientadora, la religión nos brinda útiles instrumentos para evaluarnos a nosotros mismos y descubrir los avances que hemos conseguido en nuestro desarrollo individual.

Sin embargo, las religiones también pueden transmitir mensajes que en el caso de personas susceptibles provoquen efectos de confusión y desesperación.

Pongamos por caso el credo básico de muchas religiones organizadas: los diez mandamientos. Entendidos como una orientación para la vida, los mandamientos constituyen una serie de criterios con los que podemos evaluar nuestro crecimiento y desarrollo perfecto. Sin embargo, eso significa también que representan una norma de excelencia por alcanzar, y que si bien no son un imperativo obligatorio, su violación conlleva un castigo, que bien puede ser el de la condenación eterna. No hay que olvidar, con todo, que, como reza el adagio antiguo, *Errare humanun est*: errar es humano. ¿Quién no ha violado en ocasiones alguno de los diez mandamientos? En algún momento de nuestra vida, todos hemos dejado de cumplir cuando menos uno de ellos.

Si la religión a la que pertenecemos nos ha transmitido el mensaje rotundo de que en ninguna circunstancia los mandamientos han de ser violados, quizá nos hallemos convencidos de que estamos condenados y de que resulta inútil albergar la menor esperanza de redención. Quizá hemos interpretado las prescripciones religiosas como la *única* manera en que deberíamos vivir, de manera que, puesto que no hemos cumplido del todo con ellas, tal vez tengamos la permanente sensación de que no valemos la pena, mensaje que, evidentemente, no contribuye a una autoestima positiva.

Ninguna religión es destructiva por sí misma. La fe en Dios o en un ser supremos es confortante y bien puede impulsarnos a conseguir una identidad positiva. Como ocurre también con todos los demás factores relacionados con nuestra autoestima, lo que importa no es tanto el factor en sí, sino la manera en que interpretemos los mensajes que nos hace llegar por vía consciente o inconsciente y que tienen que ver con la autoestima.

Todos los factores y raíces de la autoestima que hemos expuesto hasta aquí son primordialmente externos. Aunque sólo podemos conocer su verdadero impacto en la medida en que son internalizados, todos estos factores o elementos se originan fuera de nosotros.

Uno de los elementos más importantes de la autoestima, el cual se basa en nuestros propios juicios y percepciones, se localiza, en cambio, en nuestro interior. El factor esencial mediante el cual evaluamos nuestra conducta se llama Indice de Desempeño Personal.

El Indice de Desempeño Personal

El Indice de Desempeño Personal es el mecanismo del que todos nos servimos para medir nuestro desempeño en una situación determinada. Consiste en el proceso de aplicar a nuestra conducta la norma de nuestros valores y expectativas para evaluar nuestro comportamiento. ¿Fue bueno? ¿Fue malo? ¿Conseguí lo que quería? ¿Procedí en la forma correcta?

Establecemos nuestras expectativas a partir de la suma total de nuestras anteriores experiencias que, desde nuestro punto de vista, se relacionan con la acción o tarea por desarrollar. Así, antes de iniciar cualquier esfuerzo encaminado a la realización de tal o cual proyecto, nos fijamos un nivel de desempeño —

nuestras expectativas—, con base en el cual establecemos también ciertos criterios de juicio.

El grado de importancia que le concedemos a una tarea determinada es uno de los elementos decisivos del Indice de Desempeño. Nuestras propias expectativas de desempeño nos dictan un sistema de calificación gracias al cual podemos evaluar nuestra conducta con tal o cual "resultado", del mismo modo en que en los Juegos Olímpicos existe una serie de normas aceptadas por todos que determinan el sistema de calificación con el cual se juzga el desempeño de gimnastas, patinadores sobre hielo, clavadistas, etcétera. El valor que le atribuimos a nuestra conducta determina el impacto que el resultado que alcancemos tendrá sobre nuestra autoestima, tal como el grado de dificultad del clavado o del ejercicio de rutina influye directamente en el resultado concedido al atleta.

> *"Antes de iniciar cualquier esfuerzo, encaminado a la realización de tal o cual proyecto, nos fijamos un nivel de desempeño —nuestras expectativas—, con base en el cual establecemos también ciertos criterios de juicio."*

Roger tiene 17 años y vive con sus padres. Una de sus más fastidiosas tareas domésticas es la de aspirar. Odia hacerlo, pero se supone que debe aspirar toda la casa una vez a la semana.

Siempre que Roger concluye esta torturante obligación, su madre se encarga de evaluarlo. "Esta vez no estuvo tan mal, Roger. Te daré 6 sobre 10 de calificación. La verdad es que pudiste haberlo hecho mejor". Roger a su vez se ha atribuido la calificación de 7, siguiendo la misma escala. Odia ese trabajo, pero dispone de una serie de criterios con la cual hacerse un juicio. Su Indice de Desempeño Personal es de 7. No importa que el juicio externo —la calificación de 6 que le puso su madre— sea inferior; lo único que importa es que

Roger está convencido de que la calificación que se adjudicó a sí mismo es justa.

El hecho de que Roger evalúe su desempeño en la aspiradora le proporciona una retroalimentación interna directa. Quizá le afecte un tanto el criterio externo, es decir, el resultado que le dio su madre o los comentarios de su padre acerca de que descuidó las esquinas, pero en última instancia el resultado que más cuenta es el directo, el conseguirlo y determinado por el propio Roger.

En este caso, sin embargo, el Indice de Desempeño de Roger no tiene mucha impotancia para él ni para su autoestima, ya que no le concede mayor valor a la tarea realizada.

Al mismo tiempo, a Roger le encanta andar en bicicleta y efectuar con ella las suertes más peligrosas. Le entusiasma mucho ascender en bicicleta las montañas, explorar nuevos territorios y, sobre todo, saltar, ya sea por encima de ríos, arroyos, desfiladeros o cualquier otro sitio que se le ocurra. Lleva ya tres años practicando este deporte y tiene ya la suficiente seguridad en sí mismo como para realizar saltos de alrededor de 5 metros sin mayor esfuerzo.

Un día descubre un nuevo arroyo en las laderas de la localidad en la que vive. Calcula que el ancho por saltar es de unos 4 metros. Respira profundamente, se aclara la garganta, realizar el salto y va a dar sin accidente alguno al otro lado de la corriente. Se pone calificación de 6. Sí, lo consiguió, pero estaba seguro de que podría. El salto era relativamente sencillo.

En otro de sus paseos por la montaña consigue dar otro salto —en esta ocasión sobre el lecho de un río seco—, pero no alcanza a llegar hasta la orilla contraria y se estampa contra unas piedras. No logró dar el salto completo, a pesar de que la distancia por cubrir era también de unos 4 metros, igual que en la ocasión anterior. Se pone de calificación –1. Esperaba haber saltado con toda facilidad, pero fracasó.

Semanas más tarde sigue un camino diferente y se encuentra con un río. Esta vez calcula que la distancia es de poco más de 6 metros. No está seguro de conseguir un salto superíor a los 5 metros, pero aun así decide intentarlo. ¡Lo logra! ¡Se siente muy emocionado! Se concede la perfecta calificación de 10. Pensó en un momento que no podría saltar, pero lo hizo. Pero ¿qué habría ocurrido si no hubiera podido saltar los más de 6 metros? Tal vez se habría puesto 6 o 7 de calificación, porque honestamente no pensó que lograría saltar, así que habría debido recompensar su esfuerzo por el hecho de haber enfrentado un nuevo reto. Sólo un salto perfecto merece para él la calificación de 10, pero realizar el intento también tiene un alto valor.

Es ya una ventaja que Roger se dé cuenta del valor de intentar hacer las cosas. Para él, realizar suertes en la bicicleta es algo importante, en lo que además está consiguiendo rápidos progresos. Una alta calificación en el Indice de Desempeño Personal ganada con verdaderos esfuerzos en una actividad de gran significación, tiene un impacto sumamente positivo en la autoestima de Roger. Por el contrario, un bajo Indice de Desempeño en una actividad igualmente valiosa y disfrutable representaría para él una influencia negativa en su autoestima. Con todo, aun un 10 perfecto en su manejo de la aspiradora ejercería sobre su autoestima un impacto mínimo.

Siempre que emprendemos una tarea, lo hacemos con ciertas expectativas de éxito o fracaso. Con base tanto en esas expectativas como en los resultados reales de nuestro desempeño, calificamos nuestro esfuerzo. Valoramos altamente el éxito, pero también le concedemos importancia al intento, al esfuerzo.

Aun si decidimos dejar de realizar una actividad por temor al fracaso, nos hacemos merecedores de una calificación, aunque en este caso evidentemente

> *"Con base tanto en esas expectativas como en los resultados reales de nuestro desempeño, calificamos nuestro esfuerzo. Valoramos altamente el éxito, pero también le concedemos importancia al intento, al esfuerzo."*

negativa. Darle la vuelta a un reto nos transmite el mensaje de que simplemente no podemos llevar a cabo esa actividad, de que somos taimados o "coyones". A menos de que la tarea de que se trate sea verdaderamente imposible o altamente improbable de realizar, optar por ni siquiera hacer el intento tiene sobre nuestra identidad un efecto negativo. Hacer el esfuerzo por conseguir algo es vital. El solo hecho de intentarlo tiene ya gran importancia.

El grado de importancia que le atribuimos a tal o cual conducta determina la potencia del mensaje que recibiremos a través de ella. Si se trata de una conducta importante, nuestra autoestima saldrá favorecida del hecho de haberla llevado a cabo adecuadamente, y sin duda nos adjudicaremos una alta calificación. Si, en cambio, la tarea por realizar carece de importancia para nosotros, aun un positivo Indice de Desempeño tendrá sobre nosotros un impacto mínimo, y hasta nulo.

Cuando, en todo lo que tiene que ver con nuestra conducta, combinamos nuestro Indice de Desempeño Personal —mediante el cual evaluamos nuestros resultados— con los factores individuales de mayor o menor importancia, la "calificación" que de ahí se deriva es un mensaje que pasa a convertirse en uno más de los componentes de nuestra identidad. Ya sea que la calificación sea positiva o negativa, su impacto en nosotros es sumamente poderoso.

Tu yo íntimo

Pensemos en el ser humano. Pensemos en los componentes mágicos —la piel, los huesos, la sangre, los músculos, los órganos, los nervios, la mente— de que estamos hechos personas como usted y yo, y como Atila o la Madre Teresa. Todos poseemos lo que podríamos llamar una "planta física", que son todos aquellos órganos que trabajan en conjunto a fin de que funcione el maravilloso cuerpo humano. Sin embargo, también somos dueños de facultades intangibles, como la inteligencia, el carácter y las emociones.

Es de lo más importante advertir que todos y cada uno de los seres humanos poseemos dos componentes esenciales en lo que se refiere a nuestro ser no físico, o mental. Cada uno de nosotros es dueño de una mente consciente y de una mente subconsciente. Los diversos teóricos de la psicología le asignan a la conciencia diferentes nombres y aun diferentes niveles, pero prácticamente todos ellos coinciden en que la mente humana posee cuando menos dos componentes distintos: el consciente y el subconsciente.

Puede decirse que la mente consciente es el depósito de toda la información, las actitudes, los sentimientos y las facultades mentales que sabemos que poseemos. En cambio, la mente subconsciente —tu yo íntimo— representa esa zona de nosotros mismos en la que acumulamos la información, las actitudes, los sentimientos y las emociones que por un motivo u otro pasan desapercibidas aun para nosotros mismos.

Con frecuencia, la información simplemente viaja hasta nuestro subconsciente y permanece ahí (o va a dar donde se acumula la información innecesaria), lo cual se debe a que pensamos que no tiene caso retenerla. A veces recibimos información que enviamos de inmediato a nuestro subconsciente, de manera que no tengamos que manejarla. Sin embargo, en otras ocasiones la información va a dar directamente a nuestro subconsciente, y viajará hasta nuestra conciencia dependiendo de la información de que se trate y de nuestro deseo personal de procesarla y asimilarla.

Información inútil

Quizá la razón más común de que buena parte de la información que recibe nuestra mente consciente sea enterrada o depositada en nuestro subconsciente es que consideramos que tal información no tiene ninguna utilidad para nosotros, o cuando menos que carece de importancia.

Si usted es una de esas personas que acostumbran ver programas noticiosos de media o una hora de duración con innumerables "cortes comerciales" que se prolongan a su vez entre 30 y 60 segundos, usted está expuesto a una gran cantidad de información que la gente suele considerar como "noticias". Seguramente algunas de las partes de esa información le parecen importantes y relevantes, de interés suficiente como para justificar el hecho de que deba acumularlas en su mente consciente. Lo que ocurre es, entonces, que desea estar perfectamente consciente de ciertas cosas. En cambio, muchas otras piezas informativas de esos telenoticiarios le parecerán irrelevantes para sus necesidades y anhelos reales, de manera que considera pertinente depositarlos en cualquier lado. Si usted quisiera conservar en la conciencia toda la información de tales noticiarios más la información que recibe diariamente, a cada hora, a través de sus sentidos, simplemente se volvería loco. Los sociólogos han denominado al fenómeno de la sobreabundancia de información en la sociedad moderna como "sobrecarga informativa".

Quienes son víctimas de la sobrecarga informativa pierden la perspectiva de la realidad y pueden confundir la naturaleza de ésta. Es por eso que estamos obligados a filtrar toda la información externa que recibimos a fin de evitar la sobrecarga y desempeñarnos eficazmente en el complejo mundo en que vivimos. No se trata, sin embargo, de descartar simplemente la información que nos llega, sino de retirarla en su momento de nuestra conciencia para ejercer nuestro derecho a protegernos contra la sobrecarga informativa. No obstante, si consideramos que tal o cual información es inútil para nosotros y en consecuencia la depositamos en nuestro subconsciente, ¿podemos recuperarla en toda circunstancia y hacerla volver a nuestra mente consciente?

> *"Quienes son víctimas de la sobrecarga informativa pierden la perspectiva de la realidad y pueden confundir la naturaleza de ésta."*

Lo ideal sería que habiendo desplazado a nuestro subconsciente cierta información que nos parecía irrelevante, pudiéramos volver a localizarla en nuestra propia mente subconsciente en cuanto cambiáramos de opinión y la consideráramos importante, cosa que sin embargo no sucede sino excepcionalmente en la realidad. Cuántas veces no nos hemos desesperado ante la imposibilidad de recuperar información que sabemos que poseemos, hecho que solemos lamentar con frases como "Lo tengo en la punta de la lengua", con lo que damos a entender que efectivamente hemos almacenado tal información en alguna parte de nuestra mente, pero que no sabemos con exactitud dónde se encuentra y por tanto no podemos disponer de ella a voluntad. Tal vez dándonos un poco de tiempo y aplicando ciertas dosis de paciencia y esfuerzo, finalmente somos capaces de recuperar por nuestros propios medios la información que buscamos. Con todo, en ocasiones nos vemos precisados a buscar algún tipo de ayuda para sacudir nuestro subconsciente y hacer volver a nuestra mente consciente la información que necesitamos, del mismo modo en que a veces una vieja canción o un olor característico nos traen vivamente a la memoria el recuerdo de algo que ocurrió hace muchos años.

La amenaza y las defensas

A veces juzgamos que determinada información no nos es útil, y por ello decidimos desecharla o desplazarla a nuestro subconsciente. En otras ocasiones, en cambio, lo que ocurre es que cierta información nos parece un tanto perturbadora como para admitir recibirla, caso éste en que preferimos también almacenarla en nuestra mente subconsciente.

La información que por lo general quisiéramos evitar es la información que de algún modo nos amenaza, o que parecería exigirnos que modificáramos nuestra manera de ver las cosas o nuestra forma de comportarnos. El grado hasta el cual estamos investidos de ciertos estilos de percibir las cosas, de ciertas maneras de actuar y/o comportarnos y de determinadas maneras de ser, influye directamente en el establecimiento del grado hasta el cual la nueva información que recibimos nos parece amenazadora. En caso de que percibamos en ella un alto grado de amenaza, tenderemos a hacer uso de los procedimientos conocidos como *mecanismos de defensa*, con los cuales buscamos protegernos contra el peligro que aquella amenaza representa.

Los mecanismos de defensa, que quizá Sigmund Freud fue el primero en identificar, bajo el nombre de *mecanismos de defensa del ego*, adoptan las formas de proyección, racionalización y negación, así como de muchos otros procedimientos. La característica que los mecanismos de defensa poseen en común es que nos permiten mantener la ignorancia que deseamos respecto de ciertos hechos o sucesos a los que consideramos perturbadores. El efecto que tienen en nosotros es el de no darnos por enterados de determinada información o de posponer su recepción consciente.

Por una u otra razón, decidimos de pronto que la información que se nos presenta no es adecuada para nosotros en ese momento. En esas circunstancias, puede ser que optemos deliberadamente por diferir la información de que se trate y desplazarla a nuestro subconsciente, o incluso que tomemos esa decisión sin siquiera estar plenamente conscientes de ello, lo cual suele ser

"Los mecanismos de defensa ... adoptan las formas de proyección, racionalización y negación, así como de muchos otros procedimientos."

más común; casi siempre es a nivel subconsciente que tomamos la decisión de desplazar información específica a nuestra mente subconsciente. Lo que nos motiva a almacenar la información en nuestro subconsciente es un factor que comprenderemos muy bien si lo expresamos con el conocido dicho que reza "Ojos que no ven, corazón que no siente", lo que en este caso podría interpretarse como "Conciencia que no ve, amenaza que no se siente".

¿Los mecanismos de defensa son sanos o insanos? Son sanos.

¿Desplazar información pertubadora es un proceso positivo o negativo? Indudablemente que es un proceso positivo.

Considérese el caso de Harold y Lilly. De 80 y 79 años de edad respectivamente, Harold y Lilly han vivido casados durante 55 años. Han pasado juntos tanto tiempo que hasta parecen la misma persona.

Lilly se despierta una mañana, se vuelve hacia Harold y lo mueve suavemente para despertarlo, pero Harold no reacciona. Lilly lo sacude entonces con un poco más de fuerza, pero ni aun así su esposo responde. La señora se levanta de inmediato, se acerca al teléfono y se comunica con el médico de la familia, quien, una vez enterado de la situación, le indica a Lilly que llame una ambulancia. En cuanto la ambulancia llega, el hecho se confirma: Harold ha muerto.

Un par de días después, Lilly asiste a los servicios funerarios de Harold, rodeada de amigos y familiares. Luego del entierro, vuelve a casa y prepara de comer: hace comida para dos personas. Se sienta a comer su parte mientras observa el lugar vacío, que deja sin tocar. En ese momento suena el teléfono; es una persona que busca a Harold. Lilly le dice que su esposo no se encuentra en casa en ese momento, pero que con todo gusto le transmitirá el recado en cuanto llegue, de manera que la persona que llamó le deja un mensaje.

Horas más tarde, Lilly prepara la cena, nuevamente para dos personas, y luego de probar un par de bocados, se dirige a su recámara a dormir. A la mañana siguiente, al despertar le da los buenos días a Harold y se va a la cocina para preparar el desayuno, obviamente para dos. Cuando, hacia el mediodía, se encuentra ocupada en las labores de la casa mientras escucha la radio, en la estación que oye pasan la canción que a los dos les gusta, "su canción". La reacción de Lilly ante esa música tan querida es inmediata: rompe a llorar. Minutos después, todavía entre lágrimas se lamenta: "Mi querido Harold ya está muerto. ¿Qué voy a hacer ahora?"

Lilly estuvo consciente de la muerte de Harold desde la mañana misma en que le llamó al doctor. Reaccionó ante la situación de manera normal, razonable. Se ocupó de los preparativos del entierro y asistió al funeral. Sin embargo, es evidente que se sentía incapaz de enfrentar la información que se le estaba presentando, pues se trataba nada menos que de la pérdida de su amado esposo, de manera que la almacenó en su subconsciente. Fueron las notas de aquella melodía familiar en la radio la que la instaron a aceptar *conscientemente* la información que burbujeaba bajo la línea de conciencia que separa a la mente consciente de la subconsciente. Sin haberlo decidido deliberadamente, Lilly había almacenado ahí la temida y dolorosa información, a la espera de sentirse preparada para aceptarla. La combinación del tiempo que su mente consciente se tomó para disponerse a aceptar la realidad y de la agradable persuasión de la canción favorita, la permitió a Lilly aceptar la desaparición de su esposo en la forma más adecuada para ella, y en el momento preciso. Ella también se tomó su tiempo para centrarse, una vez hecho lo cual estuvo en condiciones de enfrentarse a la realidad.

Puede decirse que gracias a que recurrió al mecanismo de defensa conocido como negación, Lilly pudo prepararse emocionalmente para admitir que había perdido a su esposo y para sentirse estimulada a iniciar el necesario proceso de aflicción. Si no hubiera sido capaz de servirse de un mecanismo de defensa apara aplazar el reconocimiento de la realidad, probablemente habría sucumbido a sus propias emociones, se habría sentido llena de temor y de actitudes autodestructivas y quizá hasta se habría comportado en una forma dañina para ella. Si no hubiera podido posponer la aceptación de la muerte de su esposo hasta el momento en que se sintiera más equilibrada y segura, tal vez las consecuencias habrían sido fatales. En este caso resulta obvio que el mecanismo de defensa fue el recurso más sano. Claro que dio como resultado cosas absurdas, como el hecho de que la señora haya preparado raciones alimenticias de sobra o que le haya dado información falsa a la persona que preguntó por Harold, pero lo cierto es que todas esas consecuencias fueron insignificantes en comparación con la necesidad que Lilly tenía de conservar su salud y su estabilidad emocional.

La ruptura de la negación

Si el mecanismo de defensa por medio del cual Lilly alojó en su subconsciente la información que por el momento no estaba en condiciones de asimilar se hubiera prolongado más allá de lo debido, permitiéndole a la señora crear excesivas fantasías que le hubieran hecho creer que su esposo seguía vivo y que por tanto seguía estando presente en su vida, la situación que se habría derivado de ello habría sido completamente destructiva, juicio en el que tienden a coincidir la mayoría de los especialistas. De haber sido así, habría resultado recomendable que Lilly buscara algún tipo de asistencia profesional, lo cual hubiera apoyado sus esfuerzos por aceptar la realidad y habría constituido la *ruptura de la negación*.

La *ruptura de la negación* es un proceso que habitualmente se asocia con situaciones de dependencia de medicamentos o estimulantes. Es común que los individuos que dependen de este tipo de sustancias (véase capítulo 4) padezcan y generen problemas a partir justamente de su uso de productos químicos. Por poner un ejemplo clásico, por lo general los varones que son alcohólicos abusan de su esposa y de su familia —si no en forma física, por lo menos sí emocional— y se comportan en forma irresponsable y muchas veces destructiva. Uno de los síntomas más comunes de la enfermedad del alcoholismo es precisamente la *negación*. Esta situación se caracteriza por el hecho de que mientras todas las personas que rodean al alcohólico se dan cuenta de los problemas causados por la bebida y se percatan de sus efectos destructivos, la persona enferma es incapaz de percibir la realidad de sus circunstancias, lo cual indica que el alcohólico está haciendo uso del mecanismo de negación. Por supuesto que está consciente de que bebe, pero no puede advertir los problemas derivados de su manera de beber.

¿El alcohólico es realmente incapaz de darse cuenta de que beber le provoca graves problemas? En efecto, y no se percata de la situación simple y sencillamente porque no desea reconocer los problemas que ella entraña. En consecuencia, sepulta en su subconsciente la percepción de tales conflictos. Para el alcohólico, reconocer o admitir que bebe en exceso y que eso le causa problemas significa aceptar que su condición se ve amenazada, terriblemente amenazada. Por consiguiente, así sea que el hecho de beber en demasía le provoque graves problemas, el alcohólico no deja de beber, pues mediante este acto se siente compensado, fisiológica o psicológicamente. Esta compensación le evita la pena o la molestia de abandonar sus hábitos, de modo que atenta directamente contra todo estímulo a favor de la modificación de su conducta. Todos los seres humanos tememos las consecuencias que cualquier cambio puede producir. De ahí que el alcohólico se resista a reconocer que lo es y a admitir que tiene que dejar de beber, pues tal cosa le parece totalmente inaceptable en la medida en que representa para él una amenaza.

El proceso que le permite a un alcohólico aceptarse como tal se conoce como *ruptura de la negación*.

Suele haber coincidencia en la opinión de que un alcohólico que no es capaz de aceptar su alcoholismo está condenado a seguir un camino de autodestrucción y de destrucción de todas las personas que lo rodean, cuando menos hasta el momento

> *"El proceso que le permite a un alcohólico aceptarse como tal se conoce como ruptura de la negación."*

en que efectivamente pueda provocar la ruptura de su negación. Los mecanismos de defensa que entran en operación a fin de que el alcohólico persista en su conducta son destructivos y contraproducentes.

En la sociedad estadounidense cada vez es más frecuente el uso y abuso de drogas desde temprana edad, preocupante hecho que nos permitirá considerar aquí nuevos casos en los que sale a relucir la importancia de los mecanismos de defensa y la manera como funcionan.

El asunto del abuso de las drogas en las escuelas involucra por igual a maestros, padres y alumnos. Suele ocurrir, sin embargo, que cuando se les invita a participar en programas de prevención de drogas, los padres hacen uso de mecanismos de defensa para pretextar su negativa. Aunque la mayoría de los padres reconoce que el uso de las drogas se ha extendido desmesuradamente entre los estudiantes de secundaria y preparatoria, muchos de ellos se contentan con la explicación de "No es *mi* hijo" para desinteresarse por el problema. Todo indica que esa respuesta es tan común como la propia epidemia de drogas.

La frase "Lo negaremos aunque haya pruebas" es pertinente en este caso. Puede suceder que los padres se den cuenta de que alguno o varios de sus hijos están haciendo uso de las drogas —ya sea que en la recámara de su o sus hijos encuentren algunos instrumentos delatores o que sepan que sus hijos se juntan con muchachos cuya predilección por las drogas es bien conocida—. Sin embargo, cuando, en apoyo de estos hechos, se les presenta información específica, los padres suelen obstinarse en la respuesta "No es *mi* hijo". Asimismo, cuando los hijos declaran que "la yerba no es mía, es de un amigo", muchos padres prefieren creer lo que la mayoría de las veces es una flagrante mentira.

Es obvio que no todos los muchachos abusan de las drogas, pero lo cierto es que la aceptación de que el propio hijo lo está haciendo implica simultáneamente para muchos padres la aceptación de que han fracasado en buen medida en su paternidad o maternidad, motivo por el cual evidentemente se resisten a admitir la sola idea de que uno de sus hijos esté involucrado en el asunto. En caso de que efectivamente el hijo esté experimentando con las drogas o, peor aún, sea ya un usuario permanente, esta actitud de los padres resulta contraproducente. Persiste, sin embargo, debido a la presencia de los mecanismos de defensa, que les permiten a los padres sepultar la información concerniente a la evidencia de instrumentos propios de la administración de drogas y del tipo de personas con las que sus hijos se relacionan. Los padres desplazan tal información a su subconsciente, ya que ni pueden ni quieren aceptar la sola posibilidad de que sus hijos estén involucrados en asuntos de drogas.

Aquí lo que importa no es el hecho de que el involucramiento con las drogas sea rara vez una falta de responsabilidad de los padres, sino el hecho de que éstos lo perciban como un fracaso personal, motivo que los induce a desplazar al subconsciente esta penosa y descriminadora información. Es evidentemente contraproducente que el problema exista y que los miembros de la familia se nieguen a reconocerlo. A menos de que el problema sea reconocido y aceptado, será imposible ofrecer ayuda efectiva alguna a las personas involucradas.

Por consiguiente, los mecanismos de defensa pueden ser conducentes o contraproducentes, dependiendo de la situación. Por un lado puede decirse que son la forma natural en que los seres humanos enfrentan realidades desagradables; sin embargo, y tal como ocurre con todas nuestras habilidades, si se les usa excesiva e indiscriminadamente, pueden resultar dañinos y contraproducentes. Por lo demás, nos es muy difícil controlar la aplicación que hacemos de nuestros propios mecanismos de defensa, ya que se trata de un aspecto de nuestra personalidad en el que el subconsciente interviene en forma directa.

> *"A menos de que el problema sea reconocido y aceptado, será imposible ofrecer ayuda efectiva alguna a las personas involucradas."*

Solemos acumular en el subconsciente la información emocional que nos resulta desagradable. Si recibimos información de parte de nuestros padres, maestros, los medios de comunicación o cualquier otra fuente que nos sugiera que como personas somos inferiores o no valemos la pena, disponemos de la opción de aceptar conscientemente esta información y de enfrentarla. No obstante, todo indica que la tendencia natural es la de negar tal información a fin de no tener que asumirla con todo lo que implica. Si aceptamos la información porque proviene de fuentes a las que respetamos, nos veremos obligados a emplear una gran energía en el acto de asumirla efectivamente. De ahí que sea importante tomar en cuenta las razones de nuestro respeto por determinadas fuentes de información, de manera que podamos evaluar adecuadamente lo que se nos transmite y reaccionar como corresponde a la amenaza de cambio que tal información implica o requiere. Quizá nos veamos obligados a elegir formas alternas de conducta y a empeñar todo nuestro esfuerzo en la decisión que de ahí resulte. Por supuesto que tendemos a elegir el camino que nos ofrece la menor resistencia. Habitualmente, colocamos en nuestro subconsciente aquella información que nos parece poco agradable.

Entre las cosas que preferimos evitar no sólo se encuentran hechos y realidades, pues en ocasiones tendemos también a negar nuestros sentimientos. Incluso en otras aceptamos gustosamente ciertos hechos, pero en cambio desplazamos los sentimientos relacionados con ellos.

Se ha sugerido, como resultado de un análisis superficial del fenómeno, que el hecho de que la gente elimine de su conciencia hechos y/o sentimientos no representa ningún problema. Después de todo, ¿no es cierto que prevalece la creencia de que "lo que no sabemos no puede hacernos daño"? Tal vez este criterio represente un uso eficaz de los mecanismos de defensa. En el caso de Lilly anteriormente referido, los mecanismos de defensa permitieron aplazar la aceptación de una realidad desagradable hasta que la señora fue capaz de enfrentarse a ella adecuadamente. Por otra parte, si Lilly se hubiera obstinado en negar la realidad de la muerte de su querido esposo por tiempo indefinido, se habría sumergido en un nebuloso mundo de irrealidades, y en consecuencia se habría provocado un estado mental insano.

Tal como en una ocasión aseguró un sabio, para cada problema hay una solución obvia, simple, clara y falsa. Un ejemplo de este tipo de solución sería el acto de desplazar indefinidamente a nuestro subconsciente información que resulta perturbadora para nuestra identidad y a la que percibimos por tanto como una amenaza en contra del concepto que de nosotros mismos nos hemos forjado.

Comportamientos subconscientes

El hecho de que la gente desplace a su mente subconsciente información inquietante, la cual por definición queda colocada fuera de su conciencia, no quiere decir que aquella información no vaya a tener repercusiones en sus actitudes, sentimientos o conducta.

Este tipo de información queda sepultada en una zona que se halla fuera del alcance de nuestra conciencia, y junto con ella sepultamos también las emociones concomitantes. Si la información es efectivamente desagradable, tengamos por seguro que tenderemos a desplazarla junto con los pertubadores sentimientos que nos despierta y junto con la cólera o la tristeza relacionadas con ella. Quizá en ocasiones decidamos retener la información en nuestra conciencia, a pesar de lo cual al mismo tiempo desplacemos la emoción que nos suscita a nuestro subconsciente, a fin de eludirla. Aunque, en un caso así, tal emoción se halla fuera de nuestra conciencia, sigue siendo sin embargo una emoción real, de modo que nos perseguirá de cuando en cuando vía nuestas actitudes, nuestra conducta o algún otro medio.

¿Cuántas veces no nos ha ocurrido que nos sentimos preocupados por algo que no sabemos exactamente qué es? ¿Cuántas veces no nos ha pasado que estamos enojados por un motivo que nos resulta imposible precisar? Muy a menudo manifestamos enojo en contra de una persona en particular a sabiendas de que nuestro enojo es inmotivado, o cuando menos totalmente desproporcionado.

Pongamos por caso la situación de un niño que acostumbra portarse mal. Digamos que usted es madre o padre de un niño de 5 años que casi infaltablemete derrama la leche sobre la mesa, situación que a la mayoría de los padres suele molestarles o desconcertarles. Entre las reacciones de usted podría estar la de decirle a su hijo: "Ven acá, Miguel; sabes muy bien lo que hiciste. Ahora vas a limpiar la leche que tiraste, y por favor ten más cuidado para que esto no se vuelva a repetir". Otra reacción de usted podría ser la de gritar: "¡Miguel! ¿Cómo puedes ser tan tonto? Sabes muy bien de qué estoy hablando. !Qué idiota eres, caray!" Pasado el incidente, y si usted lo reflexiona un poco, se dará cuenta de que esta última reacción fue desproporcionada. Quizá el hecho de que usted se haya comportado así se derive directamente de sus experiencias infantiles: tal vez cuando usted tenía 5 años se le disciplinaba desproporcionadamente cada vez que derramaba la leche. De ser así, la furia y la frustración de que se le haya tratado de esa manera han quedado depositadas en su subconsciente, y salen a relucir cada vez que usted vuelve a vivir un incidente similar. Puesto que tal hecho, así como las emociones relacionadas con él, ha permanecido en su subconsciente, su reacción está gobernada por emociones que no se ajustan a la situación, y que si usted es incapaz de comprender, imagínese su hijo. Asimismo, si usted ha mentenido en su conciencia el incidente pero se ha negado a aceptar los sentimientos asociados a él, su reacción agresiva seguirá dando los mismos o similares resultados.

Pensemos ahora en la situación de Tom. Por lo general, cuando Tom discute con Leslie, su esposa, siente que por ningún motivo debe descargar en ella el enojo que la situación le provoca, de manera que prefiere serenarse y salir de casa a dar un paseo. Una noche, luego de haber discutido sale a dar su paseo tranquilizante y decide ir a un bar a tomar una copa. De pronto, la persona que está sentada a su lado en la barra le golpea accidentalmente el brazo, lo que provoca que el vaso que Tom sostenía entre las manos se venga al suelo. La reacción de Tom es golpear en la nariz a aquella persona, a la que ni siquiera conoce. Lo que sucede es que Tom es incapaz de reconocer que desplazó su enojo en contra del desconocido, específicamente el enojo que ha sepultado en su subconsciente y que en condiciones normales debería derigirse hacia su mujer y resolverlo con ella. Es evidente que la agresiva reacción de Tom en contra del hombre del bar rebasa con mucho la que se habría justificado como consecuencia del accidente provocado por el desconocido.

Los sentimientos que sepultamos en nuestro subconsciente afectan nuestra conducta.

Además de las consideraciones acerca de nuestro comportamiento, debemos tomar en cuenta las que se refieren a nuestras actitudes. Tengo un cliente que se llama John y que tiene por costumbre sepultar en su subconsciente aquella información que le hace pensar que es una persona carente de valía. Se empeña en ignorar aquellos asuntos que hieren su identidad a fin de evitarse desagradables conflictos internos. Gracias a ello le resulta posible realizar a diario los deberes indispensables para vivir. Sus capacidades sociales no corren peligro. Sin embargo, su capacidad para disfrutar de la vida, y por tanto también su capacidad de desarrollo, se ven en consecuencia severamente restringidas.

"Los sentimientos que sepultamos en nuestro subconsciente afectan nuestra conducta".

No es extraño que la gente con una identidad negativa posea una capacidad limitada para desarrollarse y disfrutar de la vida, pero lo trágico en este caso es que el hecho de excluir de la conciencia individual la información que sugiere carencia de valores tiene, como no podía ser de otra forma, importantes repercusiones, que el individuo es incapaz de comprender.

Puede ser que cuando el individuo analiza su vida y su situación cotidiana llegue a la conclusión de que no son malas, e incluso de que son mejores de lo que había imaginado, pero de cualquier manera no dejará de tener la vaga impresión de que no se siente del todo bien consigo mismo, lo cual quiere decir que su autoestima es deficiente. Es indudable que esta persona se preguntará los motivos de que ello sea así. ¿Por qué me siento de este modo? ¿Por qué no soy feliz? Bien puede ser que la respuesta sea compleja. Tal vez lo que ocurre es que a lo largo de su formación, sus padres le hicieron saber —a través de palabras, acciones u omisiones— que era una persona que no valía la pena. De ser éste el caso, a la persona en cuestión no ha dejado de afectarle tal información, por más que efectivamente la haya sepultado en su subconsciente. Lo que importa destacar en este caso no son tanto las consecuencias de tal información, sino el hecho de que el individuo no sabe conscientemente de dónde provienen sus actitudes y sentimientos.

"Tomar conciencia de los sentimientos de baja autoestima depositados en el propio subconsciente es uno de los principales pasos hacia el desarrollo individual".

Tomar conciencia de los sentimientos de baja autoestima depositados en el propio subconsciente es uno de los principales pasos hacia el desarrollo individual.

En favor de la conciencia

Nunca estará de más subrayar la importancia de ser honestos con nosotros mismos en nuestro esfuerzo por establecer y mantener una autoestima positiva. La mayoría de las personas, si no es que todas, intentan ser honestas consigo mismas, y efectivamente lo son en la medida de sus posibilidades. El problema radica en el hecho de que buena parte de los aspectos que demandan nuestra honestidad suele estar fuera del alcance de nuestra conciencia.

Por lo general, cuando a un individuo se le solicita información que ha almacenado en su subconsciente, responderá con todo derecho que no tiene conocimiento de ella. "No sé de qué me hablas", contestará honesta e inocentemente. En el caso de una persona a la cual sus padres maltrataron excesivamente durante su infancia, ya sea emocional o físicamente, lo más previsible es que opte por sepultar tal información en su subconsciente hasta el grado de no recordarla en absoluto. Junto con la negación de los abusos de que fue objeto, esa persona negará también las emociones asociadas a ellos, ya que por definición implican sensaciones de menosprecio por unos mismo. En consecuencia, el hecho de aceptar tal información y de reconocer tanto los sentimientos negativos como las deficiencias en la actitud que esta persona guarda para consigo misma, se le convierte en un agudo conflicto, pues llevarlo realmente a cabo le supone revivir, reevaluar y superar un buen número de acontecimientos sumamente desagradables. Las motivaciones para eludir esa tan penosa, pesada y difícil tarea resultan obvias. Sin embargo, no cabe duda de que hacer el esfuerzo y emprender esta actividad es de la mayor importancia. Es imposible manejar y controlar emociones negadas o insuficientemente apreciadas, las cuales afectan directamente nuestra conducta y actitudes, si no nos esforzamos por comprenderlas en su verdadera dimensión.

No siempre es factible distinguir las traidoras corrientes y los peligrosos bancos de arena que se hallan en el fondo de las aguas. Lo mismo ocurre con ese depósito al que llamamos mente subconsciente. Con todo, siempre debemos estar preparados a fin de identificar minuciosamente esas aguas, de investigar el contenido de ese depósito y de limpiarlo de emociones e información que si-

> *"Es imposible manejar y controlar emociones negadas o insuficientemente apreciadas, las cuales afectan directamente nuestra conducta y actitudes, si no nos esforzamos por comprenderlas en su verdadera dimensión."*

guen afectando la percepción que tenemos de nosotros mismos. Estamos obligados a aprender a ser expertos navegantes. Hemos de prepararnos para emprender una jornda potencialmete difícil y penosa, no sólo en lo que se refiere a nuestra mente consciente, sino también a nuestra mente subconsciente.

Tus valores determinan tu conducta

La mayoría de los psicólogos está de acuerdo en que existe una ley básica que gobierna el comportamiento humano: las actividades que son recompensadas tienden por lo general a repetirse, mientras que aquellas que son ignoradas o castigadas desaparecen, o bien se presentan con una frecuencia cada vez más reducida.

Además, las conductas que se hacen merecedoras de una recompensa no sólo tienden a persistir, sino también a repetirse con mayor frecuencia e intensidad o a modificarse en orden a que la recompensa se consolide o incremente.

La relación entre la autoestima y la conducta descansa esencialmente en la naturaleza de la recompensa. Son muchas las personas que imaginan la recompensa en términos económicos o de algún otro símbolo tangible que dé a entender que tal o cual labor ha sido realizada adecuadamente. Tan es así, que en el terreno de la psicología existen especialistas en la conducta que suscriben la teoría de que el comportamiento humano supone una reacción a situaciones determinadas, más que una manifestación de motivaciones independientes.

Esta explicación deja mucho que desear, ya que se inclina a favor de negar la capacidad del individuo para determinar su propia conducta. En efecto, el concepto que estos conductistas se han forjado de la humanidad, según el cual esta última estaría compuesta por robots, implica admitir que la libre voluntad individual está sujeta a severas limitaciones.

Con base tanto en la observación personal como en las más amplias investigaciones en el campo de las ciencias humanas y de la psicodinámica, puedo afirmar que los seres humanos cuentan con la capacidad de dirigirse a sí mismos.

Es cierto que muchas de nuestras acciones y decisiones se ven enormente influidas tanto por la situación del entorno en el que nos hallamos como por las personas que nos rodean, pero también lo es que elegimos nuestras acciones a partir de las opciones de que disponemos y de las cuales nos percatamos.

A menudo nos hallamos en situaciones en las que parecería que actuamos sin pensar. Tales situaciones pueden ser emergencias poco habituales o circunstancias que ya hemos vivido en el pasado, de manera que debido precisamente a que se trata de experiencias anteriores que ya han quedado fijas en nuestra conciencia, puede decirse que hemos predeterminado la forma en que habremos de comportarnos. Aunque pudiera parecer que tales situaciones son ejemplos de conducta reactiva, la verdad es que nuestras acciones han merecido una cuidadosa consideración por nuestra parte a nivel consciente o subconsciente y ya sea antes de que ocurra el acontecimiento o durante su mismo transcurso. Podríamos decir, entonces, que este fenómeno consiste en el hecho de que *las habilidades se convierten en instintos*.

Pongamos el caso de una persona que ha sido adiestrada para la administración de primeros auxilios y que arriba al escenario de un accidente. Puesto que su preparación ha creado en ella una conciencia exacta de qué hacer en condiciones como ésa, aquella persona procede en forma rápida y eficiente, sin detenerse a analizar sus métodos y acciones. Podría darnos la impresión de que está actuando automáticamente, cuando la verdad es que no está haciendo sino seguir un plan preparado de antemano.

¿Recuerda usted cómo fue que aprendió a manejar un automóvil? Quizá en un principio le pareció que manejar era tan complicado que en vez de en un auto se sentía como dentro de una nave espacial. Sin embargo, conforme fue aprendiendo, cada vez las acciones que tenía que realizar fueron siendo más conscientes y deliberadas: soltar el acelerador, presionar el clutch, cambiar de velocidad... o hacer notar su intensión de cambiar de carril, mirar el espejo retrovisor, voltear por encima de su hombro, etcétera. Luego de un tiempo, usted podía llevar a cabo todas estas maniobras sin pensar mayormente en ellas. De hecho, esto se ha convertido en un problema, ya que cuando manejamos nos distraemos tan fácilmente en otros pensamientos que por lo general tenemos que esforzarnos en concentrarnos en lo que estamos haciendo para evitar un descuido o un acto de negligencia.

Esta teoría se aplica a cualquier clase de conducta. El jugador de beisbol que ocupa el puesto de "jardinero" sabe con toda conciencia y exactitud cómo atrapar una pelota y enviarla de inmediato a la base indicada. Sin embargo, no deja de practicar

> *"El subconsciente siempre está activo y guía las decisiones que tienen que ver con nuestras actitudes y comportamiento."*

diariamente a lo largo de la temporada a fin de programarse para cualquier eventualidad que pueda surgir en el transcurso de un juego, ya que toda acción que potencialmente llegue a requerirse es para él como su segunda naturaleza; de ahí que esté obligado a realizar subconscientemente todos sus movimientos, ya que el pensamiento consciente le exige demasiado tiempo y la disposición de tomar decisiones, lo cual puede traducirse en perder carreras. Si para pasar a la acción dependiera siempre de la reflexión consciente, este jugador no se mantendría durante mucho tiempo en las grandes ligas.

El subconsciente siempre está activo y guía las decisiones que tienen que ver con nuestras actitudes y comportamiento.

En situaciones que son nuevas para nosotros o que en cierta manera suponen una serie de decisiones diferentes respecto de nuestras acciones o conducta, sopesamos nuestras decisiones antes de pasar a la acción. A veces "lo consultamos con la almohada" a fin de que nuestro análisis sea lo más completo posible y de que nuestra decisión sea la correcta. La conciencia de que dotamos a nuestras acciones puede ser resultado de una debida o deficiente consideración, o incluso de una consideración un tanto inadecuada, pero lo cierto es que no dejamos de pensar en ello, sobre todo cuando tenemos que enfrentar situaciones nuevas.

Todas las decisiones que tomamos en relación con nuestra conducta son objeto por parte nuestra de un análisis comparativo. Solemos hacer el siguiente razonamiento: "En vista de esta acción o conducta específica, ¿cuáles serían las consecuencias más probables?" Con base en nuestra evaluación de tales consecuencias y en virtud de la probabilidad de que sean benéficas o perjudiciales para nosotros, emprendemos la acción considerada o elegimos una opcional.

Podría sugerírsenos que respecto de este punto nuestro modelo de comportamiento humano resulta tan robótico o mecánico como el modelo de reacción propuesto por los conductistas.

Recompensas intrínsecas

La diferencia principal entre nuestro modelo de acciones consideradas y conscientes y el modelo de reacción de los conductistas es que en nuestro modelo los seres humanos no sólo toman en cuenta las recompensas externas, sino también las intrínsecas.

Las recompensas externas están influidas por nuestros valores. Hay individuos que valoran el dinero más que otros, en tanto que también los hay que valoran el amor mucho más que otras personas. Algunos individuos estarían dispuestos a dar todo lo que tienen con tal de recibir amor, mientras que otros empeñan quizá todos sus esfuerzos en obtener dinero.

También nuestras recompensas internas están determinadas por nuestros valores.

Hacemos cosas y nos comportamos de diversas maneras a fin de suscitar sentimientos positivos respecto de nosotros mismos. A toda la gente le gusta sentirse bien consigo misma. El hecho de que a resultas de la aplicación de nuestro Indice de Desempeño a nuestra conducta en determinada tarea obtengamos una alta calificación, nos hace sentirnos intrínsecamente recompensados. Si, por el contrario, la calificación de nuestro desempeño resulta más baja de lo que esperábamos, la actividad deficientemente realizada nos llenará de desaliento y nos impulsará a ofrecer resistencia contra su nueva realización en el futuro.

Aunque no siempre le concedemos mucha atención a nuestro Indice de Desempeño Personal, no por ello deja de ejercer cierto impacto en nuestra autoestima.

Los premios o recompensas que los demás nos dan —ya se trate de nuestros padres, de los directivos de la escuela o de nuestros jefes en el trabajo— constribuyen a la consolidación de nuestra autoestima, la que también se ve favorecida por las recompensas que nos otorgamos a nosotros mismos bajo la forma de calificaciones positivas en nuestro Indice de Desempeño.

El principio premio/castigo de la conducta humana puede reformularse de la siguiente manera en el contexto de la autoestima: aquellos comportamientos que favorecen nuestra autoestima serán repetidos; aquellos, en cambio, que atentan o amenazan contra nuestra autoestima tenderán a disminuir, desaparecer o evitarse.

En esta reformulación queda implícito el elemento de la elección. El hecho de que podamos elegir entre diversas opciones en nuestro repertorio se traduce favorablemente en una intensificación de la retroalimentación. La decisión de qué elegir queda completamente bajo nuestra responsabilidad. Si permitimos que alguien decida por nosotros, no compartiremos gran culpa en caso de que los resultados sean negativos, pero tampoco gran mérito si son positivos.

Suele ser común, sin embargo, que la decisión respecto de nuestra conducta no esté en nuestras manos, debido a las exigencias de nuestros jefes, padres, etcétera; en estos casos, nos comportamos de acuerdo con las directivas de los demás. Puede ser que la decisión tomada por otro sea favorable a nuestra autoestima, pero aun así sus positivos efectos serán mínimos, lo que de cualquier forma no nos causará mayores problemas. Si, por el contrario, aquella decisión entraña riesgos para nuestra autoestima, el peligro de que salgamos dañados se incrementa. Es en condiciones así que las personas buscan soluciones opcionales a fin de interrumpir la conducta que amenaza a su identidad, la cual queda a salvo en caso de que el individuo en cuestión sea capaz de hallar una salida; sin embargo, en todo el proceso previo la persona se ha sentido atrapada, impotente y desdichada.

"Aquellos comportamientos que favorecen nuestra autoestima serán repetidos; aquellos, en cambio, que atentan o amenazan contra nuestra autoestima tenderán a disminuir, desaparecer o evitarse."

De ahí que sea de vital importancia que las personas dotadas del poder de dirigir, ordenar y guiar el comportamiento de los demás nunca pierdan de vista la autoestima de los individuos. Si lo hacen así, contribuirán a su mejor desempeño, pero en caso contrario abatirán las capacidades del individuo, quien por ese solo motivo se sentirá humillado. En este último caso, todos salen perdiendo.

Dado que son tantas las situaciones que demandan en diversos grados la presencia del elemento de la libre elección —situaciones en las que nosotros mismos nos encargamos de seleccionar nuestra conducta de entre todas las que disponemos en nuestro repertorio de comportamiento—, el efecto de una conducta que contribuye al reforzamiento de nuestra identidad es más que evidente. Gracias a ello, nos vemos en la posibilidad de sentirnos fuertes y exitosos. Hay que tomar en cuenta, no obstante, que la relación entre la conducta y la autoestima no funciona exclusivamente en un solo sentido. No todas nuestras decisiones son acertadas, además de que no es hasta después de haberlas tomado que podemos estar seguros de que han sido correctas y de que conviene que sigamos adelante hasta llevarlas a término.

El elemento del riesgo

¿Se animaría usted a atravesar una tabla de 60 centímetros de ancho por 1.20 metros de largo suspendida a 15 centímetros por encima del suelo? Seguramente sí, pues se trata de un reto sencillo. ¿Qué haría, en cambio, si la tabla se hallara a 30 centímetros sobre el suelo? La recorrería también, sin duda, ya que el peligro sigue siendo mínimo. Sin embargo, ¿pensaría lo mismo si la tabla se encontrara a una altura de 1.80 metros? ¿La recorrería? ¿Y si estuviera colocada de un techo a otro de dos edificios? La tabla sigue siendo la misma, pero el factor de riesgo es completamente diferente.

Correr riesgos es una parte ineludible de nuestra vida, pero también un asunto de graduación.

Seguramente todos estaremos de acuerdo en que el fracaso no es agradable ni motivo de gusto o búsqueda. Sin embargo, cada vez que se nos presenta la necesidad de llevar a cabo una actividad que implica un riesgo significativo, nos sentimos amenazados: la amenaza del fracaso pende sobre nuestra cabeza.

Pensemos en el caso de Brian, de 19 años de edad y que cursa su primer año en la universidad. Es noche de viernes. Como no tiene novia, decide asomarse al bar de la localidad. Poco después de conseguir asiento, se fija en una muchacha que se encuentra a dos mesas de la suya y que no parece estar acompañada.

Comprueba que es muy atractiva y siente el impulso de invitarla a bailar. Treinta y cinco minutos después, y luego de lo que parecerían ser cubetadas de sudor, la mesa de Brian continúa vacía; ahí está él solo, abatido y derrotado, mientras que la muchacha que le gustó sigue en el mismo lugar, al parecer disfrutando sola de la noche. Brian no se animó siquiera a acercársele.

Tuvo miedo de fracasar. Más específicamente, tuvo miedo de *ser rechazado.*

El temor al fracaso bien puede ser paralizante para más de una persona. Demasiado a menudo, la gente prefiere ni intentar las cosas a fin de evitar el fracaso. Aún más comunes que aquellos que se rehúsen a intentar son los individuos que pretenden minimizar las pérdidas que resienten como consecuencia de un fracaso.

Esta última parece en verdad una idea magnífica. Sin embargo, ¿cómo es que podemos reducir o eliminar las pérdidas en caso de fracasar?

Minimizamos nuestras pérdidas minimizando nuestra inversión en la tarea por realizar.

Quizá usted esté pensando: "Bueno, este señor ya se convirtió en asesor financiero, pues ¿qué es eso de 'minimizando la inversión'?" No se preocupe; de ninguna manera me estoy refiriendo a invertir en la bolsa de valores. En este caso, nuestra inversión se refiere al grado de emoción invertido en el éxito de nuestra tarea. ¿Cuánta de nuestra autoestima ponemos en juego cuando optamos por intentar algo?

"¿Cuánta de nuestra autoestima ponemos en juego cuando optamos por intentar algo?"

Si nuestro amigo Brian, de 19 años de edad, cree que mediante el rechazo de la atractiva joven va a recibir el mensaje de que es una persona que no vale la pena y además un muchacho en absoluto atractivo para las mujeres, el monto de riesgo presente en ese acto es increíblemente elevado. Siendo así, resulta de lo más natural que nuestro amigo se haya ido del bar sin siquiera haber intentado dirigirle la palabra a la chica.

Kevin también de 19 años y está sentado a la mesa que se halla junto a la que ocupa la misma atractiva muchacha en el mismo bar. A diferencia de Brian, se acerca a ella y le dice sin mayores rodeos; "¿Qué onda? ¿Quieres bailar?" La chica le dice que no, pero Kevin acepta ese rechazo como una más de las realidades de la vida, como algo que tenía que suceder antes de acercarse a otra muchacha guapa para invitarla a bailar. "Está bien", se dice a sí mismo, "así es la vida. La próxima vez tendré más suerte", y se olvida del asunto. Kevin se encuentra en una posición mucho mejor para enfrentar la retroalimentación negativa derivada de aquella muestra de rechazo.

Los buenos subastadores suelen convencer a su público con el argumento de que "esto es sólo un juego de números; cada vez que usted falla, se encuentra más cerca del acierto que busca". Las mujeres lo dirían así: "Para poder encontrar a un príncipe hay que besar a muchos sapos".

El riesgo es simplemente un asunto de perspectiva.

La inversión emocional

Independientemente del monto de inversión que apliquemos a la ejecución de una actividad, el mensaje que internalizamos en caso de ser objeto de un rechazo es esencialmente el mismo. El rechazo nos hace saber que no se nos quiere en tal situación o, en otras palabras, que nuestros esfuerzos resultaron fallidos.

De ninguna manera pretendo hacer creer que el rechazo sea algo positivo; sin embargo, nuestra actitud dicta no sólo nuestra reacción emocional y de conducta ante el rechazo, sino también el grado de probabilidad de que repitamos tal acción. Si se rechazan esfuerzos nuestros en los que hemos puesto un alto grado de inversión emocional, lo más probable es que en adelante evitemos en la medida de lo posible la puesta en práctica de toda conducta similar. Lo menos que puede suceder es que en la siguiente ocasión en la que emprendamos un esfuerzo similar, nos sintamos mucho más intimidados.

Por lo general, los individuos que colocan una alta inversión emocional en su éxito son personas con una autoestima muy deficiente. Su propósito no es otro que el de hacer depender su valor como personas de la retroalimentación que les produce su conducta. Son como el jugador que, incapaz de aceptar su derrota, apuesta hasta el último de sus bienes y termina por perderlo todo. Es tal su necesidad de aprobación, que están dispuestos a buscarla en donde sea, siempre fuera de sí mismos.

Como ejemplo de esta forma de pensar pongamos el caso de un concurso de belleza. Si una de las participantes pone en juego su identidad entera y la hace depender del capricho de los jueces y del hecho de hacerse merecedora de la corona, en caso de que pierda, su autoestima se verá sumamente dañada. En cambio, aquella participante que concursa por el interés de vivir una nueva experiencia, de aparecer en los medios de comunicación, de divertirse o por cualquier otro motivo y que está convencida de que ganar o no en realidad no modificará mayormente su vida, ha adoptado una actitud que pone a su autoestima fuera de todo peligro.

Las personas con una autoestima sólida se muestran dispuestas a aceptar que el fracaso es uno más de los elementos de todo intento por lograr algo, y a considerarlo como el precio justo que debe pagarse a cambio de la oportunidad de realizar algo valioso. No por ello estas personas dejan de aplicar un grado significativo de inversión emocional en todos los esfuerzos que emprenden, pues lo cierto es que siguen valorando todas sus actividades; la diferencia es que no se sirven de ellas para conseguir o mantener una identidad positiva. Su búsqueda en favor de la generación y el sostenimiento de una autoestima positiva se dirige al interior de sí mismas.

Las personas de sólida autoestima, o con una identidad relativamente positiva, son capaces de aplicar su inversión emocional en la actividad que desarrollan, no en la imagen que tienen de sí mismas. Esta actitud contrasta vivamente con la de aquellas personas de frágil autoestima, las cuales tienden a empeñar desproporcionadamente su inversión emocional en su propia identidad. Así, cuando fracasan, las consecuencias pueden ser devastadoras.

> *"Las personas de sólida autoestima, o con una identidad relativamente positiva, son capaces de aplicar su inversión emocional en la actividad que desarrollan, no en la imagen que tienen de sí mismas."*

Los marineros

Además de las hasta aquí referidas, hay otra forma de enfrentar la vida. En la medida en que la existencia consiste básicamente en una serie de altas y bajas (véase la gráfica de la página siguiente), las personas que dependen de la retroalimentación de su conducta para afirmar su identidad tienden a compensar todos los riesgos que corren aplicando en todos los aspectos de la vida una inversión emocional mínima. Se establecen, pues, en un nivel intermedio, ya que prefieren sacrificar sus cimas con tal de eliminar sus caídas. A estas personas las llamaremos *marineros*. Para utilizar un término más adecuadamente náutico, digamos que estas personas lanzan su ancla al fondo del mar a fin de que ni siquiera el viento las agite.

Pensemos en las personas que invierten demasiado en varias relaciones personales. Patty es una de ellas. Han sido tales sus esfuerzos por verse correspondida en intimidad y cariño, que en ellos ha puesto todo su ser. Sin embargo, por alguna razón varias de las relaciones que han entablado no le han sido satisfactorias en absoluto. Es por ello que cuando se le presenta una nueva oportunidad de iniciar una relación, ahora tiende a sentirse un tanto insegura y a invertir muy poco en ella. Esta reacción es muy comprensible; en condiciones similares, muchos de nosotros seríamos igualmente cautos en nuestra inversión emocional. Sin embargo, hay personas para las que la precaución no basta.

A estas personas les hemos llamado "marineros" debido a sus esfuerzos por navegar en la vida con un mínimo de sufrimientos. Se trata por lo general de personas inteligentes y agradables, pero que a causa de que han sido heridas en sus relaciones humanas, maltratadas por su familia en sus años de infancia o por alguna otra razón enigmática que ni ellas mismas alcanzan a comprender, han decidido reducir al mínimo su inversión a fin de minimizar el dolor que podrían causarles el rechazo, el fracaso o la sensación de pérdida.

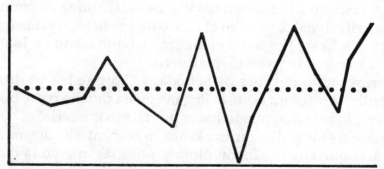

• • • • • indica a los *marineros*, quienes evitan las bajas de la vida sacrificando las altas mediante el <u>control</u> de su inversión emocional.

Consideramos ahora la situación de Peg, quien se comprometió en matrimonio con un hombre maravilloso, afectuoso y sensible de nombre John. Ocurrió de pronto que John cayó víctima de una severa depresión clínica, de manera que, trágicamente, se quitó la vida poco antes de casarse. Peg se sintió morir. Fue tan fuerte el golpe emocional que resintió, que todas sus energías parecieron agotársele. No podía hacer nada por modificar la enorme pérdida que había sufrido. Durante el año y medio posterior a la muerte de John, redujo al mínimo sus relaciones con los demás. Se limitó a presentarse a trabajar, realizar sus obligaciones y dedicar apenas un poco de su tiempo a algunas amigas muy cercanas.

Entre las consecuencias que la trágica pérdida de John dejó en Peg estaba su convicción de que si volvía a enamorarse, se arriesgaría nuevamente a que su amor tuviese un final espantoso. No obstante, poco a poco empezó a salir más de casa con la intención de conocer a otros muchachos, tal como el náufrago en una isla aguarda el amanecer de un nuevo día durante la fragorosa tormenta. Cuando ya habían pasado dos años desde la muerte de John, Peg conoció a Craig, un magnífico muchacho, que además de ser cortés y generoso poseía un extraordinario sentido del humor. A Peg le encantaba tanto el joven que en poco tiempo empezó a pensar en casarse con él. La idea de su matrimonio la ilusionaba, pero en el fondo de su corazón sabía que ni siquiera de Craig llegaría a enamorarse tanto como de John. Se hallaba convertida ya en un marinero.

Varios meses después de la boda, a Craig se le oyó decir lo siguiente: "Amo a mi esposa. Peg me gusta mucho pero, bueno, tú, sabes, lo más que puedo hacer por ella es quererla".

Cuando se le pidió que explicara su comentario, argumentó: "Por más que ella sea maravillosa y por más que yo la quiera, puede ocurrir cualquier cosa: que nos divorciemos, que ella se enferme y muera, que la atropelle un automóvil... Podría perderla. No sería capaz de aceptar haberlo perdido todo, así que no me queda otra que no amarla a toda mi capacidad".

También Craig era un marinero.

Esta historia se basa en hechos reales. El matrimonio de Peg y Craig fue positivo en el fondo, pero en la medida en que ambos eran marineros, nunca alcanzaron la realización total que sólo es posible cuando se ama plena, total e incondicionalmente. En estas condiciones puede suceder que cada uno de los miembros de la pareja se percate subconscientemente de que el otro está reteniendo algo, motivo por el cual ninguno de los dos está dispuesto a dar el paso de entregarse por completo en favor de su matrimonio.

¿Dónde está el error en pretender navegar por la vida? No hay tal. Si nuestro objetivo es evitar los malos momentos de la vida minimizando nuestra inversión en ella, lo más probable es que, cuando menos hasta cierto punto, lo logremos. Si bien es imposible que ignoremos por completo las situaciones desagradables y negativas que inevitablemente nos salen al paso en la existencia, en cambio podemos reducir considerablemente su impacto en nuestra identidad y nuestra vida, mediante el recurso de reducir al mínimo nuestra inversión emocional.

Es preciso señalar que un análisis minucioso del *síndrome del marinero* revela que suele presentarse más a menudo en los varones. Aunque de ninguna manera se trata de un rasgo exclusivo de un género, la actitud o inclinación "marinera" aparece primordialmente en los hombres, y con mucha menor frecuencia en las mujeres.

De acuerdo con una de las famosas leyes de Newton, "A toda acción corresponde una reacción, de la misma magnitud pero en sentido contrario". Lo mismo que en la física, esta ley rige en el caso de los seres humanos: todas nuestras acciones tienen consecuencias, que pueden entenderse como el precio que hemos de pagar por aquéllas. No podemos minimizar nuestra inversión a fin de evitar consecuencias desagradables sin minimizar o afectar nuestra capacidad de disfrutar

"No podemos minimizar nuestra inversión a fin de evitar consecuencias desagradables sin minimizar o afectar nuestra capacidad de disfrutar las experiencias positivas."

las experiencias positivas. Seguiremos poseyendo cierta capacidad para disfrutar estas situaciones, pero será una capacidad muy limitada, debido a que al mismo tiempo controlamos rigurosamente nuestro involucramiento en situaciones desagradables.

Recuerdo que en una ocasión oí a una mujer afirmar acerca de su matrimonio: "Los buenos momentos son extraordinarios y los malos son horribles, pero los peores son los simplemente mediocres".

El grado hasta el que nos permitimos llegar en las cañadas es el mismo hasta el que nos permitimos ascender a las cumbres, los aspectos positivos de nuestra vida.

La selección de los riesgos

Llegados a este punto, podemos advertir que existen tres maneras esenciales de vivir. De acuerdo con la primera, el individuo elige evitar los riesgos a toda costa, individuos que suelen poseer una autoestima frágil. Es cierto que estas personas no pueden evitar todos los riesgos de la vida, pero si se esfuerzan lo suficiente estarán en condiciones de evitar muchas o la mayoría de las situaciones de riesgo propias de la existencia. Evidentemente que el costo de esta actitud es el de privarse a sí mismo de oportunidades placenteras y de realización personal. Ciertamente que Brian no fue rechazado por la muchacha del bar, pero tampoco tuvo ahí una experiencia agradable.

La segunda manera de vivir puede ser representada por aquella persona que, sin correr riesgos inncesarios, ve en cada nuevo riesgo una oportunidad. Claro que cada nuevo riesgo supone ciertas dosis de peligro, pero estas personas poseen la virtud de percibir en toda situación riesgosa el correspondiente valor de la oportunidad. Las personas que adoptan esta forma de vida no colocan su inversión emocional en su identidad, sino en la actividad que realizan. Quizá la perspectiva más sana para enfrentar una situación de riesgo sea la de interpretarla como una oportunidad sin perder de vista los peligros inherentes a ella.

Con la intención de estimular a los voluntarios que habrían de participar en una colecta de fondos de Winnipeg, Canadá, el coordinador del grupo les hizo ver que si bien la tarea que debían realizar era difícil e implicaba un alto grado de riesgo, podían interpretar su situación como una "oportumenaza". Aunque inicialmente todos habían estado de acuerdo en que la misión que debían realizar era abrumadora, reaccionaron adecuadamente a este ingenioso punto de vista. Advirtieron las amenazas inherentes a la tarea, pero al mismo tiempo fueron capaces de percatarse de la oportunidad que representaba. Al final, el grupo consiguió recolectar suficientes fondos en apoyo a su causa.

No está de más recordar aquí que el pictograma chino que simboliza la *crisis* significa simultáneamente peligro y oportunidad.

La tercera manera de vivir queda personificada en los marineros. Mediante el recurso de minimizar su inversión tanto en las relaciones personales como en sus demás acciones, los marineros se ven en posibilidad de vivir con una cantidad de temores muy limitada. Patty era marinera, y Peg se convirtió en ello también. Ponen todo su cuidado en controlar su vida muy rígidamente. Aunque no dejan de participar en el juego de las relaciones humanas, invierten muy poco en ellas, de manera que sacrifican sus buenos momentos a fin de reducir los malos al mínimo.

Si usted controla las piezas que pone en juego, estará en condiciones de controlar, hasta cierto punto, tanto el monto de sus pérdidas como el placer que el juego le provoque. No obstante, el hecho de correr riesgos suele entrañar una enorme excitación. ¡No otra cosa ocurre en Las Vegas, Atlantic City y Monte Carlo! Uno de los fragmentos de una vieja canción de Frankie Laine dice: "Si no te has arriesgado a amar y perder, entonces no te has arriesgado a nada". Con todo, es obvio que si alguien es incapaz de permitirse pérdidas financieras o emocionales, el entusiasmo que ello podría suponer se convierte de inmediato en dolor, un dolor que no puede ser mitigado con el placer de haber aprovechado una oportunidad. La pena de una derrota no aceptada no contribuye en absoluto a la consolidación de la autoestima.

En consecuencia, la relación que se establece entre la autoestima y la conducta es de interdependencia. Aquellas conductas que consolidan nuestra autoestima serán repetidas, en tanto que aquellas otras que la amenazan tenderán a desaparecer. Esto implica que las conductas acordes con nuestros valores favorecen la autoestima, y son por tanto intrínsecamente recompensantes, mientras que las conductas que no se ajustan a nuestros valores atentan contra ella.

> *"Las conductas acordes con nuestros valores favorecen la autoestima, y son por tanto intrínsecamente recompensantes, mientras que las conductas que no se ajustan a nuestros valores atentan contra ella."*

Esto no quiere decir que no sea posible racionalizar o encontrar la forma de mantener una conducta que pone en peligro al concepto que tenemos de nosotros mismos. Sin embargo, la relación general entre nuestro comportamiento y nuestra autoestima resulta bastante clara.

La noción de la interdependencia entra en juego en la segunda manera de vivir entre las anteriormente expuestas, aquella en la que las personas con sólida autoestima tienden a dotar a su existencia de un mayor grado de riesgo. Tales personas son las mejor capacitadas para enfrentar los peligros, justamente porque no hacen depender de ellos el concepto que tienen de sí mismas. Las personas de autoestima frágil pretenden en cambio evitar conductas que impliquen riesgos o controlar los mensajes potencialmente negativos en contra de su identidad reduciendo al mínimo sus inversiones emocionales.

Autoestima débil
y fármacodependencia

Millones de personas en el mundo hacen uso de las drogas. La mayoría de nosotros las utilizamos.

La gente usa drogas cuando le son prescritas por los médicos. Las usa también cuando se administra sobredosis de medicamentos, tales como las aspirinas para combatir el dolor de cabeza. La gente usa drogas en su vida diaria aun sin darse cuenta, como en el caso de la cafeína que ingiere a través del café, el té o el chocolate.

La gente también hace uso regular de drogas como el alcohol, y muchas otras personas utilizan frecuentemente drogas ilegales. El uso indiscriminado de estas sustancias puede derivar en adicciones o en problemas de abuso/dependencia.

¿Todas las personas que hacen uso de las drogas presentan problemas de abuso? Probablemente no. ¿Todas las personas que hacen uso de las drogas presentan problemas de adicción? Definitivamente no.

¿Qué son las adicciones?

¿En qué consiste entonces el *abuso* de las drogas en contraposición con el *uso* que puede hacerse de ellas? Todas aquellas personas que, a sabiendas de que el uso que hacen de sustancias químicas les provoca o contribuye significativamente a la aparición de problemas, siguen, sin embargo, recurriendo a ellas, tienen un problema de abuso/dependencia de sustancias químicas.

A fin de determinar la presencia de un problema de abuso de sustancias químicas, o de evaluar la gravedad de tal problema, los especialistas en la materia suelen considerar cuatro áreas básicas de la vida de una persona. En primer lugar, ¿el uso que esta persona hace de sustancias químicas le provoca problemas con su salud? Considérese el caso del individuo que asiste al médico para someterse a una revisión general, como consecuencia de la cual se le advierte que si sigue bebiendo dañará irreparablemente su hígado y se causará la muerte. A pesar de la angustia que esta información puede suscitarle, el paciente bien puede optar por seguir buscando solaz mediante la intoxicación y persistir en su hábito de beber. Es evidente que esta persona tiene un problema de salud relacionado con su consumo de alcohol.

La segunda área de análisis de los especialistas a fin de identificar un problema de drogas tiene que ver con las relaciones familiares. ¿El uso que este individuo hace del alcohol y/u otras drogas contribuye a crearle problemas con su cónyuge, padres, hijos, o cualquier otra persona que le sea particularmente cercana? Es importante hacer notar aquí que no basta con que el o la cónyuge de una persona muestre excesiva preocupación por el consumo de drogas que ésta realiza para juzgar necesariamente que tal persona padece un problema directamente relacionado con las drogas. Aun así, ya sea que el problema del individuo se vincule con su consumo o con las percepciones irreales que su pareja tiene de la situación, lo cierto es que un caso así merece de cualquier manera ser investigado. Por lo general, cuando alguien se queja del hábito de consumir sustancias químicas que presenta una persona cercana, existe ahí efectivamente un problema relaciondo con las drogas.

La tercera área básica por considerar es la de la legalidad. Un individuo al que se le arresta con frecuencia por manejar en estado de ebriedad o por participar en disturbios relacionados con el consumo de drogas, tiene un problema muy específico. Muchos de mis pacientes en este caso no han dejado de sugerirme que su verdadero problema es la intolerancia que las autoridades muestran respecto de su consumo de alcohol u otras drogas; no obstante, me ha bastado con profundizar en las investigaciones respectivas para llegar a la conclusión de que el problema de estas personas no es otro que su consumo de sustancias químicas.

La cuarta y última área básica por considerar en la determinación del potencial de un individuo para presentar problemas con las drogas es el uso de sustancias químicas en el centro de trabajo. ¿El consumo que realiza el individuo interfiere en su productividad? ¿Contribuye este problema al fenómeno del ausentismo? ¿El consumo de sustancias químicas de esta persona le está creando dificultades para conservar su puesto?

"La sociedad tiende a aplicar o confundir valores diferentes en lo que se refiere al alcohol y a otras drogas."

Todas estas preguntas permiten deducir si un individuo está teniendo problemas o no con el consumo de drogas.

Es preciso hacer aquí una advertencia: la sociedad tiende a aplicar o confundir valores diferentes en lo que se refiere al alcohol y a otras drogas. En Estados Unidos, por ejemplo, impera un consenso muy amplio en el sentido de que el problema número uno en el consumo de drogas es el alcoholismo, pero aun así los medios de comunicación, los profesionales de la salud y la gente en general suelen hablar de "el alcohol y las drogas" como si se tratara de cosas diferentes. Esta expresión lleva claramente implícita la sugerencia de que el alcohol no es una droga, cuando lo cierto es que efectivamente lo es. En consecuencia, cada vez que en este libro hacemos uso del término "drogas", nos estamos refiriendo a todas ellas, ya se trate del alcohol, de las drogas legales o ilegales, de la sobredosificación de medicamentos o de la administración de drogas prescrita por un médico. Un individuo puede manifestar problemas en cualesquiera de las cuatro áreas anteriormente citadas ya sea a causa de una sola o de muchas drogas.

¿Por qué la gente hace uso de las drogas? Por muchas razones. Hay personas que se sirven de ellas como medicamento, otras que las utilizan para relajarse, otras más para relacionarse socialmente, etcétera. Los motivos son tantos como las personas que recurren a ellas.

El abuso de las drogas

La diferencia entre el uso y el abuso de las drogas reside directamente en la definición misma del abuso de las drogas. Cuando el uso causa problemas, ha dejado de ser tal para convertirse en abuso. El abuso existe siempre que el uso de las drogas se convierte en dependencia de ellas o de sustancias químicas. Aquella persona que sigue haciendo uso de sustancias químicas ante la evidencia de que ello le provoca problemas, está abusando de tales sustancias. Carece de importancia en este caso si el uso se realiza y sostiene mediante la operación de mecanismos de defensa tales como la negación (véase capítulo 2).

En el abuso de las drogas existe un nivel adicional que tiene lugar cuando el individuo se habitúa a la droga de su preferencia. A este nivel se le conoce generalmente como dependencia, y consiste en el hecho de que el individuo le otorga suprema importancia a una droga en particular, la cual se convierte en lo más relevante en la vida de tal persona. Habiendo desplazado todo lo demás, la droga pasa a ser para ella "lo principal".

En el caso de la dependencia, la adicción se transforma en un hecho físico. Los individuos físicamente dependientes de las drogas no suelen usarlas para elevarse o relajarse; más bien, han desarrollado una necesidad de la droga a fin de sentirse "normales". Sin la droga les es imposible actuar. Necesitan de ella para poder levantarse por las mañanas, o para ir a trabajar, o para presentar ante sus colegas su plan de ventas, o para comunicarse con su cónyuge o su familia. Cuando se hace presente una situación así, habitualmente aparecen dos señales que, de acuerdo con los criterios más difundidos en los círculos de tratamiento de la dependencia de sustancias químicas, indican la prevalencia de tal forma de dependencia.

La primera señal tiene que ver con el incremento o no de la tolerancia. El incremento de la tolerancia ocurre simplemente cuando, para alcanzar el mismo grado de "elevación", el individuo tiene que administrarse una cantidad mayor de la misma droga. Es común que un cuerpo aficionado a una droga en particular se habitúe a ella y termine por precisar de cantidades cada vez mayores a fin de obtener una sensación de bienestar, cantidades sin las cuales la persona en cuestión simple y sencillamente no se siente bien.

La segunda señal de la dependencia de la droga es la presencia de síntomas de retraimiento cuando la droga no ha sido administrada. Una vez que un cuerpo se ha habituado a determinada droga, el deseo de estar solo puede ser de carácter psicológico o físico, o de ambos. En el caso del alcoholismo, los síntomas que presenta un individuo físicamente dependiente de la droga surge la necesidad del retraimiento son muy específicos, y reciben el nombre de *delirium tremens* (DT). El DT incluye síntomas como el sacudimiento corporal, el estremecimiento de piernas y brazos, la dificultad para caminar, la dificultad para mantener el equilibrio, las alucinaciones y/o delirios, etcétera. También otras drogas suelen generar síntomas específicos de retraimiento o abstracción cuando deja de administrárseles voluntaria o involuntariamente.

¿Qué relación existe entre el uso o abuso de la drogas y la autoestima?

El anestesiamiento químico

Para responder a esa pregunta recurramos nuevamente al caso del joven de 19 años que asiste a un bar. Por supuesto que usted recuerda a nuestro joven amigo Brian. Pues ahí lo tiene usted, buscando todavía la manera de relacionarse con aquella muchacha tan especial. Aunque no deja de mirar a la atractiva chica, la cual se encuentra a apenas dos mesas de la suya, se resiste a ponerse de pie para invitarla a bailar. Decide entonces tomar varias cervezas (o aspirar un poco de cocaína, o recurrir a la droga de su preferencia), una vez hecho lo cual reúne la energía suficiente para levantarse de su silla y acercarse a la muchacha, la que puede responder afirmativamente o negativamente.

¿Cuál es la diferencia entre este escenario y el descrito en el capítulo anterior? En aquella ocasión, Brian no tuvo el valor de acercarse a la chica, pues en su organismo no había ni una pizca de alcohol. Ahora, y una vez que tomó varias copas, por fin se ha decidido a aproximársele. ¿Cuál es la diferencia cualitativa?

> *"El consumo de sustancias químicas no añade nada al carácter, la personalidad, el estilo de vida o la vida misma del individuo que lo realiza. Nadie podrá encontrar nunca habilidades o rasgos de personalidad en una botella, una bolsa o una caja de píldoras."*

Todos conocemos la expresión común de "armarse de valor". Entre los especialistas en el tratamiento del alcoholismo y los grupos de autoayuda se ha difundido asimismo la expresión "valor embotellado", que alude a un alarde de fuerza químicamente inducido.

¿Resulta entonces que este muchacho bebió algo de valor para acercarse a la chica? ¿Encontró su valor en el fondo de una botella?

Es un hecho que el consumo de sustancias químicas no añade nada al carácter, la personalidad, el estilo de vida o la vida misma del individuo que lo realiza. Nadie podrá encontrar nunca habilidades o rasgos de personalidad en una botella, una bolsa o una caja de píldoras.

La drogas no añaden nada a la vida o el estilo de vida de un individuo, paro en cambio o pueden quitarle la aflicción de no ser la persona que querría ser. De hecho, las drogas pueden desaparecer toda aflicción.

El efecto que las drogas provocan es de entorpecimiento mental, e incluso físico. En el caso de Brian, por fin ha dejado de preocuparse de la posibilidad de que se le rechace. Ya no le importa. Ahora se siente dotado de la capacidad de enfrentar el rechazo, debido no tanto a una nueva seguridad en sí mismo o al surgimiento en su interior de una habilidad adicional, sino más bien al efecto de embotamiento y atolondramiento causado por la bebida. Si es rechazado, la aflicción del rechazo se desvanecería de inmediato, y Brian podría acercarse a otra mujer, y a otra y otra más.

¿Cuál es el problema, entonces? ¿No lo son la "valentía" y la determinación, verdad?

Autor de varios libros, el psicólogo y crítico social Stanton Peele propuso un modelo para exponer la relación entre el consumo de sustancias químicas y la autoestima. De acuerdo con los criterios del doctor Peele, nuestro amigo Brian sería un individuo de autoestima débil, motivo por el cual se resiste rotundamente a acercarse a la atractiva mujer, ya que se sabe incapaz de manejar el rechazo que espera de parte de ella.

Sin embargo, Brian consume una droga, que efectivamente lo atolondra, y se siente impulsado entonces a llevar a cabo su propósito. Según el modelo del doctor Peele, al día siguiente nuestro amigo hará un repaso de sus actividades. Obviamente que recordará con suma satisfacción que bailó con la hermosa muchacha (¡gran victoria!) y quizá también que pasó un momento muy placentero, pero al mismo tiempo no podrá dejar de notar que lo que lo impulsó a aproximársele fue únicamente el consumo que hizo de sustancias químicas. Para decirlo según la terminología deportiva, su "victoria" merece un asterisco enorme, como si se hubiera tratado de un salto de longitud favorecido por el viento, de manera que en el fondo percibirá que su triunfo es falso.

> *Dado que el consumo de sustancias químicas debilitó aún más su autoestima, se acentúa en él la necesidad de persistir en el consumo a fin de reforzarla, así sea artificialmente.*

En concordancia aún con el modelo del doctor Peele, en el individuo surge entonces un sentimiento de vacío y frustración, pues se da cuenta de que abandonado a sus propios recursos y a su encanto e ingenuidad naturales, no habría sido capaz de acercarse a la chica. En consecuencia, acepta que necesitaa de un soporte para vivir, aceptación que sin embargo implica el pago de un precio. A sus propios ojos, ha descendido uno o dos niveles. Su autoestima se ha debilitado.

Dado que el consumo de sustancias químicas debilitó aún más su autoestima, se acentúa en él la necesidad de persistir en el consumo a fin de reforzarla, así sea artificialmente. La autoestima se reduce en la misma medida en que se incrementa la necesidad de consumir sustancias químicas; la necesidad de disponer de un soporte químico se eleva en la misma medida en que la percepción que el individuo tiene de su autoestima se viene abajo.

Este ciclo continúa su marcha hasta que el uso de sustancias químicas se convierte en hábito, lo que desemboca en el abuso sistemático y/o la dependencia.

Aunque este modelo precisa de investigaciones adicionales, coincido con él —sobre la base de mis propias experiencias con miles de individuos con problemas de depedencia de sustancias químicas en que es imposible ignorar un hecho obvio: si bien es cierto que la naturaleza de los problemas de dependencia de sustancias químicas difiere significativamente de un caso a otro, también lo es que el común denominador en ellos es una autoestima débil. Suele suceder que cuando los individuos se presentan para ser tratados, su autoestima se halla sumamente dañada. En este punto, son muchos los que admiten que cada vez les resulta más difícil mirarse al espejo. Su dependencia de una o varias drogas en particular ha traído consigo una identidad muy desagradable para ellos.

El suicidio sistemático

El psicólogo Lee Silverstein ha aportado un concepto adicional al asunto del consumo de sustancias químicas: la noción de *suicidio sistemático*.

El doctor Silverstein ha planteado la pregunta lógica: "¿Cómo es posible que una persona siga consumiendo productos químicos cuando sabe que eso le hace daño?"

Pensemos en el caso de los cigarrillos. En los últimos 20 o 30 años se ha difundido cada vez más información acerca del potencial dañino real de la nicotina. Muchas personas han dejado de fumar debido precisamente a esta información, pero millones de ellas siguen fumando o iniciándose en el hábito a pesar de estar al tanto de este caudal informativo.

Son muchos los fumadores que reconocen el daño potencial que su hábito les provoca y que han declarado que nunca habrían empezado a fumar si en su momento hubiesen conocido esta realidad. Aun así, siguen fumando. Es difícil sostener que tales personas no dejan de fumar con todo y que conocen las abrumadoras evidencias de los riesgos que su hábito entraña, debido a que el cigarro es una adicción física muy difícil de desterrar. Lo más desconcertante y lamentable de todo ello es que muchas de estas personas tienen hijos que desde la escuela elemental han aprendido que el hábito de fumar es sumamente riesgoso, motivo por el cual les ruegan a sus padres que lo abandonen o incluso llegan tan lejos como reducirles a la mitad su dotación de cigarrillos en un intento por reducir el monto de nicotina que consumen. Sin embargo, la gran mayoría de estos padres sigue fumando.

Quizá dejar de fumar no sea nada fácil, pero tampoco es imposible. En cambio, persistir en el hábito atenta contra toda lógica. En su modelo, el doctor Silverstein sugiere muy convincentemente que sólo hay dos motivos para que una persona siga utilizando drogas de cara a las pruebas inequívocas de que tal uso es físicamente peligroso. El primero de ellos es una estupidez flagrante; el segundo, la intención de darse muerte.

Si alguien pretende quitarse la vida, dispone de muchas maneras de hacerlo. Sin embargo, el suicidio atenta contra los instintos humanos básicos. Muchos de nosotros preferimos vivir... para evitar suicidarnos. No obstante, el abuso de sí mismo es un caso distinto. Debido a una identidad muy frágil, muchos individuos pueden optar por hacerse daño a sí mismos como una forma de autocastigarse.

El asunto del comportamiento autoabusivo y autodestructivo, presente en el consumo de drogas y en el que el individuo está consciente de que se está dañando en lo físico y aun poniendo en peligro su vida, ha merecido la mayor de las atenciones por parte de la investigación y la teoría psicológicas.

Una extensión de la teoría básica del doctor Silverstein acerca del suicidio sistemático nos lleva a concluir que el trauma infantil que deja a su paso una autoestima débil, un deficiente Indice de Desempeño o cualquier otra consecuencia externa que atenta contra el concepto que tenemos de nosotros mismos, dará también como resultado un comportamiento autodestructivo. ¿Esto quiere decir que el comportamiento autodestructivo es intencional?

En algunos casos, puede ser que sea así. No obstante, en la mayoría de los casos la gente no se dice conscientemente a sí misma: "Me odio. Pásame una cajetilla de cigarros para que pueda castigarme por ser una persona tan despreciable". Aun así, muchas personas sostienen subconscientemente la idea de que no valen la pena, motivo que las induce a adoptar una conducta de autosabotaje. En consecuencia, puede suceder que en virtud de la convicción subconsciente de falta de valía, los individuos opten por administrarse sustancias químicas o por cualquier otro tipo de conducta autodestructiva (alimentación incontrolada, decisiones inadecuadas en las relaciones íntimas, etcétera) a fin de castigarse a sí mismo, de hacerse descender hasta el bajo nivel al que creen corresponder.

Si se aplicara universalmente el modelo del doctor Silverstein, resultaría que todas las personas que fuman no utilizan cualquier otra droga a sabiendas del innegable y muy específico peligro que tal acto representa para ellas, o son estúpidas o bien están dispuestas a suicidarse en forma lenta, progresiva y sistemática. Si, por un lado, estoy de acuerdo con que el concepto de suicidio sistemático puede explicar algunos comportamientos autodestructivos, por el otro creo que es necesario considerar una vez más el asunto del subconsciente y de su enorme poder.

Drogas y riesgos

Todos cuantos consumimos cigarros u otras drogas solemos estar conscientes de los riesgos potenciales que corremos con ello, pero al mismo tiempo tendemos a diferir el concepto del daño que efectivamente nos estamos haciendo en lo personal mediante los mecanismos conocidos como de defensa. Hacemos uso justamente del mecanismo de negación cuando nos decimos a nosotros mismos: "A mí no me va a ocurrir nada malo".

El funcionamiento de la "negación-a mí no" puede comprenderse mejor de la siguiente manera. Hipotéticamente, se acepta por lo general que 9 de cada 10 fumadores mueren de enfisema o cáncer pulmonar. Si estas estadísticas son exactas, parecería entonces como si el fumador entrara a una habitación previamente ocupada por otros 9 fumadores y les dijera: "No saben cómo lamento enterarme de su tragedia, pero sucede que tal cosa no habrá de ocurrirme a mí. Yo soy el único fumador de cada 10 que se salva".

> *"¿Esto quiere decir que las personas que hacen uso de las drogas en realidad confían en sí mismas, pueden darse el lujo de correr los más grandes riesgos y poseen por tanto una autoestima positiva y saludable?"*

¿Esto quiere decir que las personas que hacen uso de las drogas en realidad confían en sí mismas, pueden darse el lujo de correr los más grandes riesgos y poseen por tanto una autoestima positiva y saludable?

En ciertos casos puede afirmarse que las personas con una autoestima saludable son capaces de reconocer los riesgos que corren, de sopesar las opciones que se les presentan y de elegir deliberadamente correr aquellos riesgos, a los que consideran justificados o no del todo peligrosos. Sin embargo, ¿puede acaso decirse que el 90 por ciento de probabilidades de contraer un cáncer pulmonar o de exponerse a otras consecuencias graves a resultas del hábito de fumar, sea un riesgo justificado o de baja peligrosidad? Si el consumo de cigarrillos es verdaderamente importante para un individuo en particular, puede ser que esta persona sea capaz de racionalizar que se trata de un riesgo justificado. Estamos, en efecto, frente a una legítima decisión individual; sin embargo, el saber general de la sociedad nos indica que conviene evitar el consumo de cigarrillos. Por tanto, es la negación —"A mí no me va a ocurrir nada malo"— a nivel consciente o subconsciente la que impulsa a la mayoría de las personas que abusan de las drogas a seguir consumiéndolas.

En estas condiciones suele echarse mano de un concepto propio de la juventud: la supuesta inmortalidad. En los jóvenes tiende a darse muy arraigadamente la capacidad de racionalizar que "eso sólo les pasa a los viejos; los jóvenes no mueren a causa de una enfermedad". Con todo, por ejemplo, son muy abundantes las evidencias de que el cáncer en la piel está provocando la muerte de cada más numerosas personas; más aún, existen ya pruebas científicas de que los rayos ultravioletas, que provocan cáncer, se acumulan en el cuerpo a la manera de las radiaciones y de que su gran acumulación durante la adolescencia no se refleja en los diagnósticos de cáncer hasta varias décadas después. Sin embargo, en todas las playas del mundo seguimos viendo cómo una gran cantidad de jóvenes (junto con muchos adultos, es cierto) se exponen directamente al sol sin el menor cuidado de protegerse con algo más que la simple aplicación de un bronceador.

En Estados Unidos, las estadísticas gubernamentales revelan un alarmante aumento en el hábito de fumar entre los adolescentes, presumiblemente estimulados por la negación propia de la juventud: "Los jóvenes no contraen cáncer pulmonar". Ciertamente que el daño no se manifiesta bajo la forma de cáncer pulmonar hasta que los jóvenes que han persistido en el hábito de fumar llegaran a sus cuarenta o cincuenta años, o aun después.

Estancamiento emocional

Un aspecto adicional del uso y abuso de sustancias químicas se refiere no exclusivamente al entorpecimiento físico, sino también al entorpecimiento de las emociones en general. En el campo de la dependencia de sustancias químicas se acepta muy ampliamente que el uso de tales sustancias retarda, o cuando menos atrofia, el desarrollo emocional. Mediante el uso de sustancias químicas intentamos controlar nuestras reacciones emocionales ante las diversas situaciones de nuestra vida. Nos resulta imposible predecir el futuro y prever las situaciones que habrán de presentársenos, pero en cambio podemos recurrir al uso medicinal de sustancias químicas en un intento por controlar nuestras reacciones emocionales a situaciones impredecibles. En otras palabras, las drogas bien pueden permitirnos que nos establezcamos en el muy seguro nivel intermedio que, tal como vimos en el capítulo 3, suelen ocupar los *marineros*. Las drogas limitan convenientemente nuestras emociones, nos protegen contra las depresiones y al mismo tiempo nos impiden disfrutar de las muy placenteras exaltaciones naturales. Pasamos a ser entonces marineros que navegan sobre un mar de sustancias químicas.

A muchas personas les parecerá que estos esfuerzos por controlar las reacciones humanas son saludables, pues quizá a ellas mismas les resulta difícil controlar sus emociones sin el auxilio de sustancias químicas; sin embargo, lo que importa destacar aquí es el costo de tal control. A fin de controlar sus reacciones emocionales por medio del uso de sustancias químicas, la gente se niega a sí misma la oportunidad de aprender. Cuando controlamos nuestras reacciones emocionales mediante el uso de sustancias químicas, limitamos nuestra capacidad de observar, experimentar, aprender y crecer.

No puede decirse que respetemos nuestro *ser* cuando tomamos decisiones cuyo propósito último es el de suprimir o negar nuestras sensaciones, ya sea que tales decisiones impliquen el uso de sustancias químicas o la admisión de cualquier otro tipo de limitaciones personales. Cuando utilizamos sustancias químicas para bloquear o limitar nuestras emociones naturales, consciente o subconscientemente estamos generando y experimentando frustraciones, y no hay que olvidar que toda frustración provoca enojo. A continuación, alojamos ese enojo en nuestro interior, donde bien puede desarrollarse y emponzoñarnos.

> *"El abuso de sustancias químicas limita el desarrollo y crecimiento personal y erosiona progresivamente la autoestima."*

El abuso de sustancias químicas limita el desarrollo y crecimiento personal y erosiona progresivamente la autoestima. El control artificial de las emociones suele desembocar en toda clase de renuncias: renuncia a los conflictos, renuncia a los compromisos, renuncia al cambio, renuncia al crecimiento.

Es cierto que con el uso de sustancias químicas no renunciamos a sentir; lo que sucede es simplemente que *enmascaramos* nuestros sentimientos, de manera que nos resulta muy difícil, o prácticamente imposible, reconocerlos, comprenderlos, aceptarlos o modificarlos.

Tu interior: el núcleo de tu identidad

La autoestima es la raíz de la existencia humana. Nuestra autoestima es la visión honesta, sin adornos ni adulteraciones, que tenemos de nosotros mismos, de nuestro valor, de nuestra importancia. Esta visión es resultado de la totalidad de las experiencias que tenemos en la vida, visión que sin embargo vamos filtrando a través de nuestro propio sistema de filtración. Podríamos compararla con un álbum personal, privado e intangible de fotografías de nosotros mismos, el cual vamos compilando a lo largo de nuestra vida. Esas imágenes de nosotros mismos que llevamos en nuestra mente influyen muy significativamente en todas las fases de nuestra vida: en nuestras actitudes y conductas, en nuestras relaciones con los demás, en nuestra trayectoria profesional, en nuestra familia, en nuestras metas y ambiciones, en nuestros temores y deseos, en nuestros valores.

Los valores son nuestra serie personal de normas o principios, que están en concordancia con nuestro sistema de convicciones. La gente dice cosas como "No puedo hacer eso; va en contra de mi conciencia" o "Sólo me dejo guiar por mi conciencia". *Conciencia* es el nombre que solemos darle a nuestro sistema de valores. En la séptima edición del Diccionario Webster, a la conciencia se le define como la sensación o conocimiento de la bondad moral o de la culpabilidad de la propia conducta, intenciones o carácter, junto con la sensación de obligación de actuar correctamente o de ser bueno".

Todos tenemos una imagen de nosotros mismos, la cual puede ser más positiva que negativa, más negativa que positiva o más bien intermedia. No hay nadie en el mundo que no tenga autoestima. A todo ser humano viviente le sería imposible sobrevivir sin ella.

> *"No hay nadie en el mundo que no tenga autoestima. A todo ser humano viviente le sería imposible sobrevivir sin ella."*

De vez en vez, muchos de nosotros experimentamos lo que parecería ser un vacío de autoestima, una absoluta falta de ella. Pero no, la autoestima está ahí; lo que pasa es que se halla muy débil, casi diríamos que "bajo cero". Este principio es similar al que se aplica a una fotografía: uno de los extremos del espectro es una impresión nítida de alto contraste; ésta sería una autoestima positiva, fuerte. El otro extremo es una placa de negativo, que equivaldría a una autoestima débil. Sin embargo, independientemente del extremo del espectro que se examine, la imagen de la fotografía no desaparece. Lo mismo sucede con la autoestima: siempre está ahí, ya sea fuerte o débil.

Cada momento de cada día, todos tenemos presente una imagen de nosotros mismos, una sensación de quién somos. Puede tratarse de un retrato espléndido, como los que producen Richard Avedon o Annie Liebowicz, o de una fotografía horrible, como las de los pasaportes. No obstante, siempre disponemos de una imagen de nosotros, de una autoestima, positiva o negativa.

¿Cómo es entonces que uno puede conseguir una *autoestima positiva* y *sólidos valores personales*?

Autoestima "fluctuante vs. característica"

Conviene que consideremos a la autoestima más como un *proceso* que como un estado permanente. En cualquier momento durante el proceso de conseguir una autoestima consistentemente fuerte, podemos tener una autoestima débil, una fuerte o una que oscile entre ambos extremos. El nivel de la autoestima siempre se halla en fluctuación. Cuando menos una pequeña parte de esta fluctuación se debe a los cambios que ocurren a nuestro alrededor; por lo demás, nuestra autoestima también va fluctuando con el paso del tiempo. Así, la imagen que tenemos de nuestro propio ser cambia conforme vamos advirtiendo todos los demás cambios.

Si bien es cierto que la mayoría de la gente tiene diferentes imágenes de sí misma en diferentes situaciones, tal como acabamos de exponerlo, lo que nos importa aquí no es tanto la identidad que responde a acontecimientos de nuestro medio, o externos, sino la imagen duradera de una persona, su identidad *característica*.

Quizá me percibo a mí mismo como un educador muy competente y como un médico altamente calificado. Cuando trabajo en un medio clínico o educativo, mi identidad es sumamente sólida y mi autoestima alcanza un nivel muy alto. En cambio, tal vez como tenista me considero moderadamente competente, de manera que en una cancha de tenis lo más probable es mi identidad alcance un nivel intermedio. Sin embargo, como se me presenta la oportunidad de vencer un reto difícil, puede ser que en ese momento mi identidad se eleve, aunque también corro el riesgo de que se deteriore si uno de mis envíos resulta fallido o si no logro contestar una pelota fácil.

A pensar de que me sienta satisfecho con mi capacidad profesional y relativamente a gusto con mi desempeño en los juegos de tenis de los fines de semana, quizá me parece que soy totalmente incompetente como cirujano. En consecuencia, trataría de disuadir sinceramente a toda persona que me propusiera practicarle una cirugía. La sola idea de imaginarme en el quirófano con el instrumental adecuado y con el mejor equipo de cirujanos de la historia de la medicina a punto de iniciar una operación, podría provocar que mi identidad se fuera en picada. El concepto que tengo de mí mismo sería sumamente débil en ese momento, y lo sería a causa de mis deplorables expectativas. En condiciones así, de mí mismo no podría sino esperar comportarme como un irremediable incompetente.

> *"Las fluctuaciones de nuestra autoestima en respuesta a lo que ocurre a nuestro alrededor son parte normal de la vida."*

Las fluctuaciones de nuestra autoestima en respuesta a lo que ocurre a nuestro alrededor son parte normal de la vida. Reflejan el hecho de que vivimos en un mundo complejo, dinámico y en constante transformación. Si a ello añadimos el hecho de que cada individuo es un ser complejo, dinámico y en constante transformación, tendremos todos los motivos para esperar modificaciones en la imagen y el concepto que tenemos de nosotros mismos a lo largo del camino de la vida.

Tales modificaciones son *ajustes al núcleo*. La identidad nuclear es la imagen esencial de nosotros mismos y de la que nunca nos separamos. Se trata de una imagen fundamentalmente resistente al cambio. Claro que modificamos nuestra imagen de acuerdo con información nueva, con los exitosos resultados que vamos obteniendo en nuestro Indice de Desempeño y con las influencias externas. No obstante, rara vez estas modificaciones son algo más que cambios menores al núcleo general. Es como si simplemente nos pusiéramos ropa diferente; sin embargo, nuestro cuerpo y nuestro rostro siguen siendo los mismos.

Cuando observamos nuestra autoestima en una diversidad de situaciones diferentes —fenómeno al que suele conocérsele como autoestima situacional—, nos preocupa cómo nos sentimos con nosotros mismos en una determinada serie de circunstancias. Nuestra identidad cambiará, quizá drásticamente, de una circunstancia a otra, del mismo modo en que la mía fluctúa según me vea como maestro, tenista o cirujano. Tal vez nos vemos a nosotros mismos como más expertos y por tanto más eficaces en calidad de esposo o esposa que como madre o padre, motivo por el cual nuestra identidad resultará mucho más placentera cuando nos veamos en el papel de cónyuges que en el de padres.

"Aunque puede reaccionar a las contingencias del medio, la identidad nuclear es relativamente estable a lo largo del tiempo y del curso de los acontecimientos de la vida."

Nuestra identidad nuclear, conocida comúnmente como autoestima característica, es la forma *representativa* en que nos pensamos y sentimos a nosotros mismos. Aunque puede reaccionar a las contingencias del medio, la identidad nuclear es relativamente estable a lo largo del tiempo y del curso de los acontecimientos de la vida.

¿Qué relación existe entonces entre la autoestima característica y la autoestima situacional? En beneficio de la claridad, vamos a compararlas con un edificio: la autoestima característica son los cimientos, en tanto que la situacional es aquella parte de la estructura susceptible de remodelaciones. La estructura remodelable se levanta sobre la estructura nuclear y permite realizar todo tipo de modificaciones al edificio, aunque los cimientos sigan siendo los mismos, a menos de que la remodelación llegue a tal grado que los ponga en peligro o de que forme parte de un proyecto más amplio que incluya también los cimientos.

Aunque la autoestima característica es relativamente permanente y resistente al cambio, la relación entre la autoestima característica y la situacional depende del tipo de retroalimentación que recibimos de las diferentes situaciones por las que pasamos, así como de la forma en que tal retroalimentación influye en nosotros. Quienes tiende hacia una autoestima característica relativamente débil, dispondrán de muy pocas situaciones en las que su autoestima situacional sea significativamente fuerte, y al contrario: aquellos que posean una autoestima característica fuerte se verán en muy pocas situaciones en las que los factores ambientales puedan contribuir a debilitar significativamente su autoestima situacional.

Tanto el grado hasta el que puedan llegar los efectos de situaciones que favorezcan un debilitamiento de la autoestima como la duración de tales efectos pueden ser moderados por nuestra autoestima característica. Una autoestima característica fuerte reducirá considerablemente aquel impacto, mientras que una autoestima característica débil tenderá en cambio a magnificar la experiencia.

Aunque el ejemplo que di de imaginarme en el quirófano con el instrumental y las personas indicados para llevar a cabo una operación puede ser ilustrativo, lo cierto es que resulta poco verosímil en el caso de alguien con mis antecedentes y formación. Resulta más creíble y común que la gente se encuentre de pronto en situaciones relacionadas más directamente con su educación, intereses y capacidades. En efecto, todos los individuos buscan naturalmente involucrarse en medios que van de acuerdo con su identidad característica. Si yo mismo considero que no soy competente como cirujano, nunca buscaré la manera de verme ataviado de verde y cubierto con una mascarilla quirúrgica al mando de un equipo especializado. Aunque hablando con cierta candidez y aun reconociendo mis limitadas capacidades como tenista, sí que me animaría a invitar a jugar conmigo a Stefan Edber o Jimmy Connors.

El asunto de la identidad nuclear y de la distinción entre autoestima característica y situacional es semejante al concepto de angustia característica o situacional. Todos nosotros experimentamos más angustia en tales circunstancias que en otras, pero de cualquier manera poseemos cierto nivel característico de angustia. Nuestro nivel representativo, o angustia característica, sugiere qué tan propensos somos a sentirnos angustiados en un amplio espectro de situaciones que pueden presentársenos. Pero bien puede ocurrir que aunque nuestra angustia característica sea baja, lo cual quiere decir que no nos ponemos nerviosos o inquietos muy fácilmente, nuestra angustia situacional sea muy pronunciada.

El mejor ejemplo de una situación que puede provocarle angustia a casi todo el mundo es el hecho de hablar en público. Se ha dicho que éste es uno de los temores más agudos que el ser humano puede conocer, a tal grado de que para muchas personas es superior el temor a la muerte. Muchas personas de éxito y grandemente estimadas consideran que hablar en público es toda una tortura. Sin embargo, puesto que su angustia característica es baja y su identidad nuclear muy fuerte, son capaces de "enfrentar el miedo y hacer lo que tienen que hacer", tal como reza el título del libro de Susan Jeffers (véase biblografía). O, más específicamente, "ya tienen las mariposas, pero han aprendido a hacerlas volar en formación". (Ya que nuestra intención es favorecer el éxito en nuestra vida mediante la promoción de la autoestima en general y de toda forma de superación personal, cometeríamos un grave error si no citáramos aquí a una empresa llamada Toastmasters International, con sede en Santa Ana, California, Estados Unidos. Esta compañía les ha ayudado muy capazmente a cientos de miles de personas de todo el mundo a mejorar su habilidad para hablar en público, y además a saber conquistar un gran aplomo y una autoestima notoriamente superior).

> *"Nuestra identidad nuclear es como un roca. Cuando es positiva, nos ofrece protección y relativa solidez. Cuando es negativa, no tendremos dónde refugiarnos en los momentos difíciles de la vida."*

Aunque siempre es importante conservar cierto nivel de autoestima en situaciones específicas, en aquellas situaciones muy concretas tal importancia se limita a nuestro desempeño, actitudes y emociones. Nuestra autoestima característica, o identidad nuclear, permanece más o menos estable en toda situación, a menos de que hayamos empeñado considerables esfuerzos en cambiarla.

Nuestra identidad nuclear es muy poderosa tanto en su resistencia al cambio como en los efectos que produce en nuestra conducta y sentimientos. Cuando las peculiaridades de una situación pueden afectarnos, nuestra identidad nuclear es como una roca. Cuando es positiva, nos ofrece protección y relativa solidez. Cuando es negativa, no tendremos dónde refugiarnos en los momentos difíciles de la vida. Siempre que deseamos favorecer nuestra valía personal y mantener sólidos valores individuales y una autoestima positiva, entramos en relación con aspectos importantes de nuestra identidad nuclear.

La relación entre nuestra identidad nuclear y los objetivos que nos trazamos, los riesgos que corremos y nuestro proyecto entero de desarrollo es de la mayor importancia. Nuestra identidad característica determina aquellas conductas que habremos de elegir poner en práctica.

El mundo de nuestras experiencias no se halla del todo bajo nuestro control. De vez en cuando nos hallaremos en situaciones que no correspondan completamente a nuestra autoestima característica. Tales son justamente las situaciones de riesgo, que nos ofrecen la oportunidad de crecer.

Dado que tales situaciones nos ofrecen oportunidades de desarrollo, su importancia es innegable; no obstante, debemos cerciorarnos de que nuestra autoestima característica es lo suficientemente fuerte como para impulsarnos a buscar activamente todo tipo de oportunidades que nos permitan consolidar nuestra identidad representativa. A las situaciones u oportunidades que se nos presentan debemos interpretarlas como escalones, pero antes de pretender ascenderlos hemos de estar seguros de que nuestro paso será firme. Una autoestima característica fuerte nos permitirá contar con el paso firme que necesitamos.

Capítulo 5

Conforme vamos fortaleciendo nuestra autoestima característica, iremos incrementando naturalmente nuestra capacidad de superar situaciones que desafían a nuestra identidad, y consecuentemente consolidaremos nuestro desarrollo.

Claves para afianzar tus valores personales y una autoestima positiva

Las personas que se sienten fuera de control, impotentes, sin esperanzas e indefensas tienden a pensar que no hay nada dentro de ellas. La mayoría de nosotros podemos identificarnos con tal sensación; así sea por momentos breves, de vez en cuando los seres humanos sentimos que carecemos completamente de toda forma de autoestima.

Sin embargo, la carencia de autoestima es algo que no existe.

Cuando nos sentimos desesperados, nuestra autoestima es muy débil. Con todo, aun cuando nos sentimos abatidos por una opinión desfavorable de nosotros mismos o de nuestras circunstancias —ya sea como resultado o no de una adecuada reflexión acerca de la realidad—, nuestra identidad permanece en pie y disponemos en consecuencia de los fundamentos necesarios para reconstruir una identidad más positiva.

A continuación le presento *siete claves* de las que usted puede servirse para construir y mantener una posición de sólidos valores personales y de una autoestima positiva.

Autoevaluación: una visión realista

La *primera clave* se refiere al que lógicamente tiene que ser el primer paso en el desarrollo de su positiva identidad: *haga una revisión realista de usted mismo.*

Es preciso que sepamos con toda claridad en dónde estamos, a dónde queremos ir y qué de lo que poseemos nos ayudará a llegar allá. De esta manera, estamos obligados a hacer una revisión honesta de nuestras posibilidades y nuestras limitaciones, porque poseemos de ambas. Todos nosotros poseemos facultades en las que destacamos y otras en las que no conseguimos un desempeño del todo bueno.

La revisión realista consiste en un proceso de tres etapas.

La primera etapa consiste a su vez en tomar una hoja de papel y dividirla en dos columnas. En la parte superior de la primera columna escriba "Posibilidades", y en la segunda "Limitaciones". Escriba todo lo que le sea posible, y con toda honestidad, en la columna correspondiente.

No es necesario que balancee ambas columnas, porque además aquí no puede haber respuestas correctas o falsas. Todo lo que se le pide es que sus respuestas sean honestas. Esta etapa inicial del proceso tiene como propósito familiarizarnos simplemente con las cosas que pensamos que hacemos bien, las habilidades o dones que poseemos, y con las cosas que no hacemos bien, nuestras relativas debilidades.

En la segunda etapa, el proceso empieza a afinarse. Junto a cada uno de los aspectos que escribimos en la lista colocaremos un asterisco (*) en caso de que creamos que es un rasgo que podemos cambiar; el asterisco indica que *podemos* cambiar esos rasgos específicos y que en consecuencia trabajaremos en ese sentido. Dejaremos sin marcar, en cambio, aquellos aspectos que consideremos que no podemos modificar. Quizá, por ejemplo, entre nuestras "Posibilidades" pusimos que somos pacientes, tan pacientes ya como podemos serlo, pero pusimos también que somos honestos, aunque pensándolo bien admitamos que podríamos serlo aún más; en consecuencia, junto a "honestidad" deberemos poner un asterisco, en tanto que junto a "paciencia" no colocaremos marca alguna. Mientras tanto, quizá en las columnas de "Limitaciones" pusimos falta de seguridad e insuficiente altura física, pues tal vez nuestra meta en la vida es jugar en las ligas profesionales de futbol americano. "Falta de seguridad" merecerá un asterisco, porque podemos incrementar nuestra seguridad y perfeccionar nuestras capacidades; en cambio, no podemos hacer nada para resolver nuestras limitaciones de estatura.

La tercera etapa del proceso consiste en pensar en un amigo o familiar a quien le tengamos especial confianza y con quien podamos checar nuestra lista. Nadie mejor que nosotros para criticarnos, ciertamente, pero hemos de reconocer que en ocasiones podemos ser demasiado generosos o poco perceptivos en ciertas áreas de nuestra personalidad. Aun si nos esforzamos sinceramente por ser honestos, elementos tales como los mecanismos de defensa, las presiones externas o las exigencias o deseos de los demás pueden enturbiar la imagen e impedirnos lograr la completa precisión que perseguimos.

No se desespere si le resulta difícil identificar a alguien en quien confié y a quien considere capaz de una objetividad total en lo referente a los aspectos de su autorevisión. Para llevar a cabo esta etapa cuenta usted con un par de opciones. La primera es consultar a diferentes amigos respecto de diferentes aspectos de su lista que ellos conozcan bien o de los que tengan cierta experiencia. La segunda consiste en obtener una "prueba de realidad" de nuestro amigo o amiga más cercano o de alguna otra persona significativa para nosotros y acerca exclusivamente de aquellos aspectos en los que estemos completamente seguros de que serán francos y afables.

Dada la gran complejidad de las relaciones humanas, quizá no podemos pensar en nadie que nos garantice un ciento por ciento de objetividad. En condiciones que no nos parecen ideales, lo mejor es no exhibir esta información personal; a nadie le hace falta añadir a sus preocupaciones un motivo potencial de inquietud. En este caso, en lugar de recurrir a sus amigos o a sus seres queridos, busque el consejo de un sacerdote, un asesor pastoral o un terapeuta profesional. Por lo general, puede tenerse absoluta confianza en que estos individuos serán constructivos y motivadores, y en que aplicarán su habilidad profesional en colaborar con los esfuerzos que usted está haciendo a fin de identificar correctamente, en la revisión de usted mismo, sus posibilidades y limitaciones.

> *"Del mismo modo en que nuestra identidad cambia con el paso del tiempo y a través de innumerables acontecimientos y experiencias, también nuestras posibilidades y limitaciones se modifican."*

Una vez concluidas estas tres etapas, dispondrá de una revisión realista de usted mismo. Sin embargo, el proceso no termina allí.

Del mismo modo en que nuestra identidad cambia con el paso del tiempo y a través de innumerables acontecimientos y experiencias, también nuestras posibilidades y limitaciones se modifican. De ahí que resulte conveniente que examine su revisión realista con la frecuencia que le parezca la más adecuada a sus necesidades, aunque lo recomendable es que el plazo no sea mayor de un año y aun que sea todavía más reducido, en vista de que los cambios en toda vida pueden ser considerables. Asimismo, aparte de haberlo hecho la primera vez, le será útil incluir en sus nuevas revisiones las opiniones autorizadas de otras personas.

Los valores son vitales

Ya hemos hablado del tema de los valores. ¿Qué son los valores? Los valores son aspectos que nos importan como individuos. En términos generales, los valores son cuestiones de principio que sostenemos de acuerdo con nuestras convicciones. Entre los valores más visibles de toda sociedad se hallan el dinero, el poder, el amor, la seguridad, la familia, la autoestima, la educación, la salud, la honestidad, la justicia y muchos más. Los valores se relacionan directamente con el sistema ético individual.

La primera clave para una autoestima positiva es la elaboración de una revisión realista de usted mismo. La *segunda clave: sea congruente con sus valores personales.*

Para empezar, necesitamos revisar nuestros valores, comprenderlos y determinar hasta qué grado se ajustan a nuestra vida. Además de comprenderlos, es preciso que entendamos cuál es su origen.

Todos los valores provienen de las influencias externas de las que hablamos en el capítulo 1, las mismas que tienden a determinar el concepto que nos hacemos de nosotros mismos. Nuestros valores se hallan permanentemente a prueba en el curso de nuestras experiencias y de acuerdo con el juicio que tales experiencias nos merecen con el paso del tiempo. Mediante nuestro proceso educativo y en razón misma de la naturaleza general del cambio, nuestros valores se modifican, a veces desaparecen y a menudo se consolidan y refuerzan.

La primera etapa en el desarrollo de los valores es descubrirlos. Si usted entra en contacto con las ideas o convicciones de los demás, se estará dando la oportunidad de incorporar aquellos conceptos a su propio sistema, a su código ético personal. Si busca valores mediante su participación en una religión y/o a través de sus relaciones con sus padres, con personas significativas para usted o con otras fuentes que le merezcan respeto, tales relaciones y experiencias tendrán en usted un impacto favorable una vez que someta a tales valores a un proceso individual de internalización.

Por lo demás, uno necesita jugar con sus propios valores... a fin de determinar hasta qué punto uno se siente a gusto con ellos. No le resultarán agradables si no se adaptan a sus circunstancias personales. Todos aquellos valores que no se ajustan a su situación corresponden al concepto del "deber ser", cosas con las que en realidad usted no está de acuerdo pero que siguen presentes en su mente porque se supone que deberían serle útiles, probablemente según las normas de otra persona. Sin embargo, lo cierto es que no se adaptan a usted. De ser así, ello no significa que esos valores sean malos o falsos, sino simplemente que no son suyos.

La segunda etapa en el desarrollo de los valores consiste en el proceso de internacionalización al que acabamos de referirnos, cuyo propósito es separar los valores que le corresponden a usted de los que no se encuentran en este caso. Este proceso depende de la comprensión del contexto: ¿tales valores son ideales? ¿Estoy dispuesto a aceptarlos como propios sólo por complacer a alguien? ¿Se adaptan a mí en este momento, en esta fase particular de mi vida?

Algunos valores encajarán perfectamente en su código personal; acéptelos. Algunos no coincidirán con sus criterios; deséchelos. Algunos más quedarán en una posición intermedia; encontrará que se ajustan a usted parcialmente o sólo en determinadas circunstancias. Estos valores pueden ofrecerle cierta orientación, pero son relativamente flexibles y adaptables.

Aquellos valores que se ajustan a usted adecuada, consistente y permanentemente son sus *valores nucleares*. Es indudable que se trata de valores sumamente importantes para usted. Aquellos que no se adaptan a usted con tanta perfección son quizá menos importantes, de manera que entrarán en juego únicamente en circunstancias específicas.

La tercera etapa en el desarrollo de sus sistemas de valores, o código ético, gira en torno de la disposición jerárquica de sus valores. Aquellos que se aplican a todos los aspectos de su vida serán sus valores primarios o nucleares; aquellos que se ajustan parcialmente pueden dominar en situaciones particulares, pero por regla general serán valores secundarios. Aun así, debe priorizar todos sus valores, ya sean nucleares o secundarios. Debe organizarlos en orden de importancia según su manera de vivir.

¿Por qué los valores son tan importantes? Los valores fungen como su guía personal en la vida. Ahora bien: no se trata de una guía que usted saca de una biblioteca, compra en una librería o adquiere en la tienda de abarrotes. Esta guía es creación de usted y para su uso personal. Debería verla como si estuviera encuadernada en piel y con su nombre estampado en oro sobre la cubierta: es su biblia personal, de usted, para usted. Esto es así en forma inevitable, porque para que un sistema personal de valores sea realmente eficaz, tiene que ser entera y exclusivamente propio.

"Para que un sistema personal de valores sea realmente eficaz, tiene que ser entera y exclusivamente propio."

Esta guía no tiene por qué ofrecerle una descripción detallada de su vida. Por lo menos ésa no debería ser la intención de su sistema de valores. El propósito de la guía es establecer criterios que le permitan juzgar su propia conducta y ofrecerle normas a partir de las cuales su conducta pueda ser aceptada, rechazada o modificada. Estos criterios, estas pautas, son sus valores nucleares.

Los valores nucleares no son situacionales. Los valores nucleares son válidos en todas las situaciones, pues atraviesan todos los aspectos de su vida. Sus valores nucleares han de guiarlo por igual en todas las situaciones; cada uno de ellos en particular es útil en todas las situaciones de determinada naturaleza, de manera que no son propios de situaciones específicas. Por ejemplo, el valor de respetar la propiedad privada no se restringe al dinero, los automóviles o las joyas, sino que abarca a todas las personas que poseen algo. Si uno cree o valora el concepto de fidelidad, ¿dejaría de acostarse con la esposa del vecino pero lo haría con la esposa del señor que vive del otro lado de la calle? Por supuesto que no, pues tal conducta no sería congruente con los valores nucleares que uno mismo estableció para sí.

La consecuencia más grave de la incongruencia con los propios valores es un mensaje personal sumamente negativo. Ese

107

mensaje consiste en que aunque soy capaz de establecer mis propias normas, no puedo ponerlas en práctica ni sostenerme en ellas.

El poder de tal mensaje —poder negativo— y el golpe resultante sobre nuestra autoestima provienen no sólo de la conciencia de que nosotros mismos elegimos y establecimos aquellas normas, sino también del hecho de que la evaluación de nuestra conducta procede asimismo de nosotros mismos. El juicio se origina en el interior de quien realizó el acto, de quien fue incapaz de alcanzar su meta. No es mamá la quien le dice a uno que no hizo lo que ella le dijo, ni papá, quien le asegura que no acertó en hacer lo que él le enseñó.

> *"Calificamos nuestras conductas, ideas, sentimientos, actitudes y acciones de acuerdo con el grado en que se ajustan a nuestro sistema de valores nucleares."*

Así como calificamos nuestro comportamiento (Indice de Desempeño), calificamos nuestras conductas, ideas, sentimientos, actitudes y acciones de acuerdo con el grado en que se ajustan a nuestro sistema de valores nucleares.

Respecto de aquellos componentes de nuestro código ético personal cuyo alcance no es tan amplio y cuya aplicación no es tan universal —los valores secundarios—, tendemos a permitirnos un margen considerable en nuestro esfuerzo por vivir de acuerdo con ellos. Somos menos severos con ellos que con los valores nucleares primarios, los cuales siempre intentamos guardar.

Nunca faltarán tentaciones de poner en peligro nuestros esfuerzos por vivir de acuerdo con nuestro código personal. De vez en cuando nos desviamos del camino que hemos elegido seguir. El medio en el que nos desarrollamos es tan complejo que sería difícil esperar otra cosa. Todo el tiempo padecemos conflictos con nuestro sistema de valores.

¿Deberíamos devolverle a su legítimo dueño este dinero que encontramos, o donárselo a los pobres, o gastarlo en nuestras propias necesidades? ¿Deberíamos trabajar más tiempo y con mayo ahínco a fin de conseguir un ascenso, o trabajar menos y pasar más tiempo con la familia?

Cada una de estas opciones refleja un valor. Cuando nos hallamos frente a conflictos de valores, nuestro propio código ético personal nos ofrecerá ayuda, aunque rara vez la decisión es entre lo blanco y lo negro. Ya que decidirnos por una cosa en lugar de otra suele suponer ciertos matices de gris, debemos ser capaces de crear y promover cierto grado de tolerancia. Es imposible que todo el tiempo satisfagamos todos nuestros valores.

Aun entre nuestros valores nucleares prioritarios debemos teolerar cierto grado de variación, pues ningún sendero debe ser tan rígido como para impedir una medida mínima de movilidad y flexibilidad. La mayoría de las personas valoramos la verdad; sin embargo, es difícil imaginar a un solo adulto que no haya dicho una pequeña e inofensiva mentira que lo haya salvado a él o a alguien más de un ataque mayor contra su sistema personal de valores. Sin dejar de reconocer plenamente la importancia de la flexibilidad en nuestros esfuerzos por ser fieles a nuestros valores, la segunda clave para una autoestima positiva es sumamente clara? *sea congruente con sus valores.*

En nuestros intentos por abrirnos paso a través de una compleja serie de decisiones y consecuencias, las cuales dan lugar al drama de la vida, es esencial que hablemos de nuestros asuntos con amigos valiosos, que busquemos ayuda y que permitamos que se nos auxilie.

Debemos desarrollar y mantener un sistema de apoyo

A diferencia de muchos otros sistemas, su sistema de apoyo personal se compone de personas y lugares. Cada uno de nosotros sabe de lugares a los que puede viajar para sentirse relajado, cómodo y de buen humor. Se trata la más de las veces de lugares en los que ya hemos estado y en los que hemos tenido sensaciones de protección, seguridad y confort. Hay además lugares con los que hasta ahora sólo hemos soñado con visitar, pero estamos seguros de que en ellos nos sentiremos a gusto y en paz. Es importante que nos otorguemos a nosotros mismos el beneficio de viajes a lugares cómodos y seguros siempre que nos resulte necesario, pues constituyen parte invaluable del sistema de apoyo personal.

A veces incluso los lugares más familiares nos parecen todo menos confortables. Nuestro hogar, nuestro centro de trabajo y aun nuestros lugares más comunes de relajamiento (la cancha de tenis, el gimnasio, el campo de golf, la biblioteca, el parque) pueden convertírsenos en sitios aburridos y rutinarios. Debemos ser capaces de permitirnos a nosotros mismos un traslado físico desde esos viejos lugares predilectos y viajar a lugares especiales en los que sabemos que hallaremos tranquilidad. Sabemos bien que con la tranquilidad y seguridad llega una sensación de renovación. Tales lugares no son sitios en los que encontramos soledad o diversiones casuales que tiendan a separarnos del necesario contacto con la vida, sino más bien fuentes de nuevas perspectivas en los que podemos obtener sensaciones de renovación y revigorización y sentirnos bien dispuestos a volver a nuestra vida cotidiana. La vida nunca carecerá de tensiones, conflictos, retos y éxitos, pero nuestros mecanismos personales para hacerles frente a todos ellos se verán dotados de un renovado vigor si nos damos la oportunidad de relajarnos.

El lugar especial que usted necesita para su sistema de apoyo personal no tiene por qué ser una pequeña posada en los Champs Elysées de París o un cobertizo autóctono en una de las límpidas playas de Bora Bora. Es obvio que todos padecemos de ciertas restricciones financieras, de modo que el lugar para nuestra renovación personal debe estar a nuestro alcance. Puede ser una cabaña en las montañas o a la orilla de un lago, un motel en la playa o un campamento en el desierto. No estamos obligados a buscar lugares famosos o fantásticos, pues de lo que se trata es simplemente de permitirnos la serena sensación de volver a vivir.

El segundo y quizá más importante componente de nuestro sistema de apoyo personal es el elemento humano. Prácticamente ninguno de nosotros lleva una vida completamente solitaria. Hay quienes lo han intentado, por poco o mucho tiempo, pero a la larga han descubierto su profunda necesidad de interacción humana. Siendo niños o adultos, siempre necesitamos pertenecer a un grupo, o a varios. Por diferentes medios podemos establecer los criterios de los grupos a los que nos interesaría pertenecer. Para algunas personas, el primer grupo de apoyo es la familia, mientras que para otras lo es un grupo de amigos y compañeros de trabajo que suele incluir a la pareja. El ingrediente esencial de la selección del grupo humano que habrá de integrarse a nuestro sistema de apoyo personal es el acto de la libre elección. Muchos de nosotros estamos dispuestos a aceptar a los miembros de nuestra familia que viven cerca de nosotros o a los compañeros de trabajo que laboran en las mismas instalaciones como miembros de nuestro grupo de apoyo. Incluso a veces las personas que coinciden con usted por casualidad en algún sitio pueden ser excelentes miembros de su grupo de apoyo, aunque esto no suele ser común.

No tiene por qué aceptar como miembros de su grupo de apoyo a personas con las que no lo une otra cosa que la proximidad geográfica o la relación familiar. Su elección debe ser libre y franca; no le corresponde más que exclusivamente a usted. Decisiones tomadas como resultado de la desesperación, la soledad o el aislamiento suelen derivar en sistemas de apoyo contraproducentes. Cuando nos sentimos solos y desesperados por encontrar compañía tendemos a pensar que estar con *cualquier* persona es preferible al estado en que nos hallamos, lo cual suele ser falso. Evidentemente es mucho mejor estar solo en casa arreglándose las uñas de los pies que en la calle "divirtiéndose" con personas que no constituyen ninguna influencia positiva. Si estamos dispuestos a aceptar "amistades" negativas, también tendremos que admitir los negativos efectos que habrán de tener en nuestra autoestima.

Puede suceder también que algunas personas pretendan integrarse al grupo de apoyo de usted a fin de satisfacer necesidades propias que en un momento dado resulten incompatibles con las suyas. Asimismo, hay personas que sienten la necesidad de comportarse negativamente con los demás en orden a sentirse bien consigo mismas. Todas estas personas pueden sabotear gravemente los esfuerzos que usted está realizando, a la manera de aquella persona obesa que no deja de ofrecerle galletitas aunque usted ya le ha hecho saber que está tratando de guardar una dieta. Si se permite ser la víctima de tales conductas y actitudes no conseguirá otra cosa que atentar contra el concepto que tiene de sí mismo.

Debemos concedernos absoluta libertad en la formación de nuestro sistema de apoyo de modo que responda nuestros ideales y normas. Quizá usted siente que algunos de los miembros de su familia no serían benéficos en su salud y desarrollo, lo cual no quiere decir que usted sea desleal o poco cariñoso para con los suyos. A pesar de que tales personas forman parte de su familia básica, lo cierto es que no pertenecen a su grupo de apoyo personal, de manera que no debe permitirse ninguna racionalización interna o exterena que venga a alterar ese hecho.

Además de uno o varios miembros de su familia que le proporcionan un apoyo positivo, usted puede elegir a amigos, colegas, vecinos o cualquier otra persona con la que se sienta a gusto y pueda comunicarse adecuadamente como miembros de su sistema de apoyo personal. Con el paso del tiempo y el empeño de cierta dirección y de un esfuerzo concienzudo, este grupo habrá de convertirse en una comunidad sólidamente unida, confiable y confortable. Tome en cuenta, sin embargo, que las relaciones que ahí se establezcan no podrán funcionar en un solo sentido. A fin de desarrollar y mantener al elemento humano de su sistema de apoyo personal, deberá corresponder las atenciones de los miembros de su grupo. Tal como reza el dicho, "Para conseguir un amigo, usted debe portarse como amigo"; será necesario entonces que además de ser capaz de pedir apoyo y ayuda, usted también lo sea de concedérselos a los demás.

En momentos de crisis, necesitará pedirles a los miembros del grupo que lo escuchen, y quizá también que lo orienten y aconsejen. En otras ocasiones, le corresponderá escuchar amigablemente y compartir con los demás su animada conversación y su satisfacción por los buenos tiempos que está viviendo. Sería un error que con su grupo de apoyo compartiera únicamente sus aflicciones y dificultades. Aprenda a compartir con él también sus alegrías; si los miembros del grupo han accedido a compartir sus penas, ¿por qué habría de privarlos de compartir también motivos de felicidad? Todo grupo de apoyo se basa en la confianza y la atención mutuas. Es importante entonces que usted les tienda la mano a los miembros de su grupo de apoyo y que comparta con ellos las buenas nuevas.

El hecho de que usted escuche y estimule a los miembros de su grupo de apoyo no es un simple acto altruista. Es obvio que usted recibirá a cambio el apoyo que sea capaz de ofrecer, pero además en este caso se establece una relación que puede comprenderse bien mediante el término biológico de *simbiosis*: una asociación íntima con otro ser que resulta mutuamente benéfica. Su propia identidad se cargará de energía positiva gracias a la atención que les conceda a los miembros de su grupo. Tan importante para su autoestima es disponer de un buen sistema de apoyo personal como ser un buen miembro de ese grupo de apoyo.

Si usted tiene una pareja con la que comparte la vida, esta persona debería integrarse a su grupo de apoyo. En caso de que su pareja no se sienta a gusto en su grupo de apoyo, ello puede ser un indicador de varias cosas: de que debe realizar cambios entre los miembros de su grupo, en las normas para convertirse en miembro o en su relación con su pareja.

Es importante hacer notar que no todos los elementos de su sistema de apoyo personal tienen por qué coincidir necesariamente en el mismo momento. Quizá algunos elementos de su sistema de apoyo no tengan siquiera la oportunidad de reunirse con usted, de manera que a veces se verá precisado a viajar a un sitio agradable y tranquilo con sólo uno o dos de los integrantes de su sistema humano de apoyo personal, y en otras ocasiones incluso tendrá que viajar solo. Quizá en algún momento su relación con un miembro específico de su sistema se convierta en un motivo de preocupación para usted. De ser así, elija con toda prudencia a la persona o personas de su sistema de apoyo con las que resulte conveniente hablar del tema. Sea muy cuidadoso siempre que se sirva de su sistema de apoyo personal. Tal como ocurre en todas las relaciones humanas, debe estar consciente de las incontables sutilezas de toda personalidad y de las demás características humanas básicas, a las cuales deberá tomar cuidadosa y afectuosamente en cuenta.

El apoyo emocional es muy importante. Puede manifestársele a través de una actitud de escucha, una palmada en el hombro, una sonrisa. De cualquier forma, toda relación de mutua simpatía requiere siempre de cierto grado de objetividad. Los miembros de su sistema de apoyo personal deben sentirse en libertad de ofrecer la ayuda requerida sin el sesgo personal que suele provenir del hecho de hallarse sumamente involucrados con el asunto en cuestión. Si pone especial atención al aspecto de la objetividad, sin sacrificar por ello la esencial solidaridad humana, estará en las mejores condiciones para elegir a los elementos indicados de su sistema de apoyo personal en una situación determinada.

Así, la *tercera clave* para el afianzamiento de sus valores personales y de una autoestima positiva es: *desarrolle y mantenga un sólido sistema de apoyo personal*. Tal como John Donne dijo alguna vez, "nadie es una isla". Si esto ya era cierto en el siglo XVII, quizá ahora lo es más que nunca. La gente necesita de la gente.

Hemos definido ya al sistema de apoyo personal y hablado de la manera en que podemos desarrollar el nuestro. Sabemos a quién podemos recurrir en un momento de necesidad, pero el problemaa es que cuando llega solemos decirnos cosas como:

"No puede molestar a John o a Betty... ya son las 10 de la noche" o "A lo mejor está viendo el partido en la televisión" o "Debe estar cansada; mejor le llamaré mañana". Para muchas personas resulta muy difícil recurrir a su sistema de apoyo personal.

Ayudar a los demás —ofrecerles nuestro apoyo— es una experiencia muy positiva. Se trata, en realidad, de una experiencia humana de primer orden. Con esta acción, tanto quien da como quien recibe se sienten mejor, más fuertes y realizados.

Cuando necesite apoyo o se halle en una grave crisis personal, no dude en recurrir a quienes lo estiman. Piense que en alguna forma le estará dando a aquella persona la oportunidad de sentirse bien consigo misma. Buscar apoyo es un elemento importante para la estabilidad de la autoestima. Tal como lo dictamina el decimosegundo paso de los programas de Doce Pasos, ofrecer apoyo nos brinda la oportunidad de sentirnos bien con nosotros mismos. ¡Ayudar a los demás es ayudarse a uno mismo!

Cada vez nos resulta más claro que el desarrollo de nuestra autoestima se basa en muchas cosas y se sirve de la energía que proviene de muy diversas fuentes. Una de las influencias más importantes para nuestra identidad es la que ejerce la efectiva realización de nuestras metas.

Debemos proponernos metas realistas

Conforme vamos calificando nuestro desempeño, es importante que aprendamos a aceptar nuestros fracasos, pero más importante aún que sepamos alcanzar el éxito.

Así como en muchos otros aspectos de la vida, en el proceso de establecimiento de nuestras metas la planeación ocupa un lugar de primera importancia. Quizá ya alguna vez ha oído el dicho que reza "No solemos planear fracasos, sino fracasar en hacer planes". Es totalmente cierto que nadie planea su propio fracaso. Si fracasamos es porque muchas veces no tenemos el cuidado de emprender un proceso de planeación.

115

La *cuarta clave* es: *propóngase metas realistas*. Una vez que hemos aceptado la importancia de la planeación en el establecimiento de nuestras metas y en la consecución de nuestros éxitos, debemos subrayar el hecho de que nuestra planeación tiene que ser realista.

Para fijar metas realistas, es necesario cerciorarse de que las metas sean específicas. Así, debemos formularlas en términos claros y comprensibles. La meta debe ser suficientemente clara como para que nos permita dirigir toda nuestra atención y todas nuestras energías en bien del exitoso cumplimiento de nuestro objetivo.

Si, por ejemplo, usted deseara bajar de peso, lo conseguiría si en su meta especificara el peso realista que pretende alcanzar, en vez de simplemente decirse: "Espero bajar un poco de peso".

A fin de que la meta sea específica, es importante que también sea realizable y alcanzable.

Muchas veces las metas que nos proponemos son tan grandiosas y ambiciosas que escapan a toda capacidad humana. En ocasiones puede tratarse de metas que los demás pueden alcanzar pero que son poco realistas en nuestro caso. Las metas pueden ser irreales o porque nos hacemos a la idea de algo sumamente exagerado, o bien porque son excesivamente ambiciosas.

A fin de determinar el grado en que nuestras metas son posibles de alcanzar, hemos de tomar en cuenta nuestra *revisión realista* (la primera clave de nuestro proceso) y aplicar nuestras posibilidades en beneficio del cumplimiento de nuestro objetivo. Ello nos permitirá descubrir si la meta es realista o no y si es posible que la alcancemos. Muchas veces una evaluación realista nos hará saber que la meta que nos hemos propuestos cumplir es inalcanzable para nosotros.

También es importante que aprendamos a fijarnos submetas. Muy a menudo, la exitosa realización de una meta ambiciosa depende de nuestra habilidad para desglosarla en metas más pequeñas y específicas: ésas son nuestras submetas. No hay que olvidar que el ascenso al Everest empieza con el primer paso.

Alcanzar un gran éxito supone con frecuencia alcanzar éxitos menores en orden sucesivo. Pongamos el caso del individuo que necesita bajar 15 kilogramos. Si no se da la oportunidad de experimentar cierta sensación de éxito sobre la marcha, le será muy difícil mantener la necesaria motivación que implicar una dieta cuyo propósito es la pérdida de 15 kilos. Para tener éxito en el esfuerzo por bajar esa cantidad, convendría que esa persona estableciera una serie realista de submetas que supusiera la perdida inicial de 4 kilogramos, seguida por otras dos etapas idénticas y por una etapa final de pérdida de los 3 kilos restantes.

Cuando se proponga una meta, no deje de escribirla en un cuaderno y de comentársela a alguien. Escribirla le ayudará a hacerla más específica y a darse cuenta de si verdaderamente podrá cumplirla. Una vez que ha escrito su meta, le será más fácil determinar si debe dividirla en submetas y decidir cuáles deben ser éstas.

Asimismo, escribir su meta implica un compromiso mayor de su parte.

La importancia de comunicarle su meta a otra persona resulta obvia. Siempre es conveniente que base sus esfuerzos en fundamentos sólidos que le permitan alejar su motivación de toda fuente de distracción, frustración o fatiga.

> *"Cuando usted le hace saber a otra persona que se ha fijado una meta, no delega en ella la responsabilidad, sino que se siente más obligado a cumplirla por el hecho de saber que se le apoyará."*

¿Cómo podrá concentrar mejor sus esfuerzos? Comunicarle sus intenciones a otra persona suele ser un mecanismo muy eficaz. Si usted establece un compromiso consigo mismo, servirse de ese mecanismo es realmente muy importante. Cuando usted le hace saber a otra persona que se ha fijado una meta, no delega en ella la responsabilidad, sino que se siente más obligado a cumplirla por el hecho de saber que se le apoyará.

Es importante que se cerciore de que la sensación de obligatoriedad constituye para usted un factor de estímulo, no de inhibición. A nadie le gusta anunciarle una meta a otra persona sólo para que ésta, en caso de que la meta no sea cumplida, le reclame a quien se la comunicó: "Lo único que sé es que no pudiste hacerlo"; quizá se utilicen otras palabras, pero con la misma intención de herir. De ahí que deba usted tener cuidado al elegir a su confidente. Es recomendable que para estos efectos escoja a la persona más indicada de su sistema de apoyo personal, a aquella en la que más confía. Si gusta, puede elegir a más de una persona, pero no deje de contar cuando menos con una.

Por lo demás, alcanzará sus metas siempre y cuando sean propias.

Es común que nos propongamos obligaciones que creemos que "deberíamos" realizar. En ocasiones decidimos cambiar de trabajo, dejar de fumar o volver a la escuela sólo porque nuestros amigos, familia, novio o novia así lo desean, o porque pensamos que será agradable para alguien a quien estimamos.

Ya sea que ello sea cierto o una simple suposición nuestra, si la motivación para alcanzar nuestra meta radica en el hecho de complacer a alguien, se trata ciertamente de una motivación artificial, y por ello mismo sumamente débil. Nuestra motivación está sujeta a la influencia de los demás si empezamos por proponernos una meta que los otros nos han impuesto.

Si personas cercanas desearían que usted se propusiera una meta, particularmente una meta de "superación personal", piénselo dos veces. Piense en los motivos que las impulsan a sugerírselo. Decida si tal meta es conveniente para usted. De ser así, haga un plan en torno a ella, especifique en él el apoyo que recibirá de los demás y adelante. A partir del momento en que se ha apropiado de la meta, se ha dado garantías de alcanzarla. En caso de que la meta no se adapte a usted, deséchela definitivamente. El propósito de la meta no es problema suyo, cuando menos no en el sentido de que usted se lo haya creado en ese momento. El problema le corresponde a la persona que pretendió asignársela; deje que ella lo resuelva.

En la medida de lo posible, haga que el plan que necesita para cumplir su meta dependa exclusivamente de usted. Son ya demasiadas las cosas de la vida que no podemos controlar. Nuestros esfuerzos por alcanzar nuestras metas serían vanos si han de ser la consecuencia de que dependamos de los demás o de cosas que escapan a nuestro directo control.

Sí, por ejemplo, usted decidiera ponerse en forma mediante el desarrollo de un programa de ejercicios físicos, tendría que empezar por determinar si se trata de una meta realizable y por establecer cierto número de submetas, una vez hecho lo cual estaría preparado para comenzar. Si una parte del plan de ejercicios consistiera en asistir al gimnasio, los problemas empezarían si éste se halla a varios kilómetros de su casa y usted no sabe manejar o no dispone en los alrededores de transporte público. Quizá el conflicto se resolvería si usted le pidiera a un amigo que lo llevara todos los martes, jueves y sábados, aunque también en este caso la solución dependería de que aquella persona se encontrara efectivamente disponible esos días. No obstante, hacer intervenir a otra persona en un plan como éste puede dar lugar a muchas otras contingencias imposibles de controlar. Si de por sí es probable que a usted no siempre le sea factible asistir al gimnasio, depender para ello de otra persona no significa sino que usted está dándose la "oportunidad" de carecer del necesario control en el cumplimiento de su meta. Aun los planes mejor trazados pueden resultar un fiasco. ¿A qué venir con la idea de generar más problemas que pueden dar al traste con sus esfuerzos?

El sexto elemento en el establecimiento de metas realistas es que siempre debe tratarse de metas que puedan medirse.

Lo que habremos de medir en nuestras metas es ya sea el tiempo, la calidad o la cantidad. Si nuestra meta es, por ejemplo, bajar de peso, podríamos establecer que perderemos 15 kilogramos en tres meses, con lo cual nos estaríamos sirviendo del tiempo para medir nuestro éxito. También podríamos utilizar la cantidad como medida, de manera que en este ejemplo determinaríamos que nuestra meta es simplemente bajar 15 kilos; la cantidad por perder pasa a ser entonces la señal que nos permitirá evaluar el éxito o fracaso, independientemente del tiempo que nos lleve cumplir la meta. Sin embargo, también podríamos ignorar la cantidad de kilogramos que pretendemos bajar y el tiempo que ello nos tomaría, y proponernos más bien una cuestión de cualidad. Decidiríamos entonces que nos esforzaremos por bajar de peso hasta "vernos bien" (según nuestra propia opinión). En beneficio de la claridad, determinaríamos que vernos bien significa que vuelva a quedarnos tal traje o vestido; cuando nos lo podamos poner sin mayor problema, sabremos que hemos alcanzado nuestra meta.

La última etapa en el establecimiento de metas realistas es la de evaluación

Siempre debemos evaluar los esfuerzos que emprendemos para alcanzar nuestras metas. Si nos proponemos metas medibles, nuestra evaluación será más clara y directa. En este plan, la etapa de evaluación consiste fundamentalmente en determinar el *grado* de nuestro éxito. Si decidimos que nuestra meta sería bajar 15 kilogramos y sólo bajamos 12, ¿significa esto que hemos fracaso? Nosotros somos nuestro único juez y jurado.

> *"Todo cuadro de evaluación debe incluir ciertos matices de gris, o grados de éxito y fracaso."*

El fracaso y el éxito no suelen ser negro total o blanco total. Si bien es cierto que precisamos de la más absoluta claridad a fin de comprender nuestras metas, planificar nuestros esfuerzos y evaluar el grado de nuestro éxito, todo cuadro de evaluación debe incluir ciertos matices de gris, o grados de éxito y fracaso. Permanentemente nos servimos de nuestro Indice de Desempeño, el cual aplicamos a todas nuestras conductas, actitudes y hasta ideas con el propósito de evaluar su pertinencia. Sin embargo, en ocasiones la aplicación de ese Índice de Desempeño resulta contraproducente, pues nos ofrece una visión negativa de nuestra identidad. Lo cierto es que la diferencia entre éxito y fracaso suele residir en el grado de éxito que hemos conseguido en nuestro comportamiento. El fracaso o el éxito dependen en ocasiones de metas deficientemente formuladas o de planes para alcanzar esas metas que no han sido bien programados. Mediante el uso de un programa realista y eficaz para el establecimiento de nuestras metas reducimos considerablemente las posibilidad de juzgar nuestro desempeño sin los criterios adecuados. Gracias a este programa, nuestro juicio radicará más en los méritos de nuestro desempeño real que en nuestra capacidad de planeación.

Los siete pasos para el establecimiento de metas

1. Propóngase una meta específica.
2. Cerciórese de que su meta sea razonable y alcanzable.
3. Planee submetas específicas.
4. Escriba su meta y comuníquela a una persona confiable.
5. Verifique que es usted quien se ha propuesto la meta y que no se trata de la idea de otra persona o de algo que cree que debería hacer.
6. Asegúrese de que su meta es medible.
7. Establezca criterios de evaluación para determinar sus progresos.

Debemos ser firmes

Es preciso que comprendamos también la importancia de ser firmes, de proceder con firmeza en todos los aspectos de nuetra vida. La *quinta clave* para desarrollar los valores personales y una autoestima positiva es: *sea firme*.

La firmeza significa aferrarse a los que usted cree, a lo que considera correcto y asumir el control para garantizar que los resultados deseados serán alcanzados. La firmeza también significa tomar en cuenta las necesidades, sentimientos e ideas de los demás.

Si uno pretende conseguirlo todo a costa de las necesidades e intereses de los demás, su actitud tenderá a traducirse en una conducta agresiva. Todos hemos visto películas en las que el "malo" arrasa con todo aquello que se opone a la consecución de sus metas, por más descaminadas que éstas sean. No hay razón para creer que sus necesidades son más importantes que las de su familia, amigos y vecinos.

El otro lado de la moneda es que en la sociedad actual se tiende a inducir a los individuos a que ninguen sus propias necesidades, negativa que por lo general se sustenta en el temor. No nos sentimos del todo seguros del resultado de nuestros esfuerzos si perseguimos con ahínco aquello en lo que creemos; más aún, nos resistimos a admitir el fracaso. De este modo, basta con que surja el menor indicio de que fracasaremos en lo que deseamos o necesitamos para que desistamos de nuestros esfuerzos. Ni siquiera nos permitimos pensar en que deberíamos intentarlo, porque nos obsesiona eliminar la posibilidad del fracaso.

El defecto de esta forma de pensar es que optar por abundar nuestros intentos es ya en sí misma una decisión. Cuando optamos por no intentar nada, no nos protegemos contra el fracaso: lo aseguramos.

Si creemos que hay algo que merecemos y decidimos no luchar por ello, no habrá forma alguna de que lo obtengamos, trátese de lo que se trate y de no ser por la intervención divina o por un inesperado golpe de suerte.

Cada vez que, debido generalmente al temor, decidimos no perseguir lo que creemos que merecemos, nos transmitimos a nosotros mismos un mensaje sumamente poderoso. Nos estamos diciendo que no valemos lo que realmente pensábamos que valíamos.

Su madre, su subordinado o su mejor amigo pueden decirle a usted que no vale nada. Si usted cree que vale algo pero no se esfuerza en demostrárselo, se está diciendo a sí mismo, aunque en forma mucho más potente, que aquellas personas tienen razón: que no se merece aquello que cree valer. Tenga por seguro que si usted mismo se transmite ese mensaje, su mente no dejará de recibirlo. Se trata de un mensaje cuyos efectos sobre su identidad pueden ser devastadores.

Si está convencido de que merece un aumento en su trabajo, pregúntese entonces si su supervisor o el grupo de personas que disponen de la capacidad para aumentarle el sueldo saben que usted cree que merece un aumento. Si la respuesta es no, el único culpable de que no le hayan aumentado el sueldo es usted.

Pero tenga cuidado: si trabaja para una persona o un grupo de personas que lo despedirían o le harían sentirse muy mal si usted les pidiera un aumento de sueldo o les hiciera saber que cree mercerlo, entonces de ninguna manera debe de sacar a colación el tema. Es una triste realidad que existen situaciones injustas como ésta; sin embargo, es importante que no olvide que en situaciones así es en las que debe poner en juego su juicio estratégico.

Nadie le está sugiriendo que el hecho de ser firme implica negar la realidad. Ante una situación que excluye la oportunidad de la firmeza, lo que cabe considerar es la posibilidad de cambiar de trabajo. En este caso, la actitud firme empezaría a manifestarse en el hecho de buscar un nuevo trabajo. Mantenerse firme y expresar sus justas necesidades son actos de la mayor importancia.

Si usted manifiesta su convicción de que merece un aumento y no se lo dan, de usted depende quedarse en esa empresa o empezar a buscar otro empleo y abandonar el anterior en cuanto encuentre el nuevo. De lo que se trata no es de conseguir todo lo que necesita o cree merecer, sino de ser capaz de expresar sus necesidades en la forma adecuada.

En la forma adecuada es el secreto en este caso. Usted podría decir: "Esto es lo que necesito y lo que deseo; debo obtenerlo y lo conseguiré a como dé lugar". Esta no sería una forma precisamente adecuada.

Ya hemos dicho que "nadie es una isla". Asimismo, hemos hecho notar que las necesidades personales no son independientes de las necesidades, deseos y derechos de los demás. Toda negativa a asumir una actitud firme termina por ser autodestructiva. Sin embargo, todo esfuerzo por mantenerse firme que suponga ignorar las necesidades y los derechos de los demás. Toda negativa a asumir una actitud firme termina por ser autodestructiva. Sin embargo, todo esfuerzo por mantenerse firme que suponga ignorar las necesidades y los derechos de los demás no puede dar como resultado sino una conducta agresiva, la que a su vez conduce invariablemente a situaciones contraproducentes. Por lo general, las personas agresivas no alcanzan lo que se proponen, pues promueven la adopción de actitudes defensivas por parte de los demás. La gente suele reaccionar en contra del egoísmo que advierte en estas personas, las que en consecuencia reciben otro duro golpe contra su identidad.

La conciencia acerca de las consecuencias de los propios actos en los demás se conoce como responsabilidad social. La responsabilidad social de todo individuo implica la responsabilidad de sí mismo, de sus actos y para con los demás. Quien se desentiende de su responsabilidad social carece de autoestima positiva.

> *"La responsabilidad social de todo individuo implica la responsabilidad desí mismo, de sus actos y para con los demás. Quien se desentiende de su responsabilidad social carece de autoestima positiva."*

Así sea en forma un tanto pasiva, la sociedad refuerza la importancia de la autoestima. Cuando nuestras interacciones sociales no nos producen nada positivo, no nos satisfacen e incluso nos causan daño, todos estos efectos negativos actúan directamente en contra nuestra. En cambio, cuando les ofrecemos nuestro apoyo a los demás, nos producimos sensaciones muy satisfactorias y aun llegamos a sentirnos justificadamente orgullosos de nosotros mismos. Comportarnos como miembros responsables de la sociedad y contribuir en términos generales al "bien común" favorece el desarrollo de nuestra autoestima.

Errar es humano; perdonar, necesario

La *sexta clave* para desarrollar y mantener una autoestima positiva es: *acepte a los demás como son, con sus virtudes y sus defectos, y acéptese también a sí mismo.*

¿Qué significa aceptarnos como seres humanos?

Seguramente conoce aquella expresión de "Errar es humano; perdonar, divino". Ciertamente que errar es humano, pero lo cierto es también que perdonar bien puede convertirse en una más de las facultades humanas.

Desde que éramos niños se nos dijo que debíamos aprender de nuestros errores, concepto tan admirable como verdadero. Todos cometemos errores. Los hemos cometido en el pasado, los seguimos cometiendo en el presente y los cometeremos en el futuro. De ahí que sea tan importante que aprendamos de nuestros errores, y también que no sigamos cometiendo los mismos.

Como los seres humanos que somos, tendemos a destacar en exceso los errores que cometemos. Si se nos pidiera hacer un repaso de nuestra historia personal y escribir los que han sido los acontecimientos más significativos de nuestra vida, estoy seguro de que nuestra lista de errores sería mucho mayor que la de nuestros éxitos.

¿Esto se debe a que es verdad que son más los errores que hemos cometido que los éxitos que hemos alcanzado? Al contrario. Se nos bombardea constantemente con toda clase de mensajes según los cuales debemos prestar la mayor atención a nuestros errores a fin de no volver a cometerlos, de cerciorarnos de que efectivamente hemos aprendido de ellos, etcétera.

Al mismo tiempo, se nos acomete con muchos otros mensajes en el sentido de que "No debemos destacar nuestros logros" y "No es correcto jactarnos de lo que hemos conseguido", pues de otra manera daríamos la apariencia de ser egoístas, vanidosos y egocéntricos. No tiene por qué gustarnos dar la apariencia de que somos egoístas, vanidosos y egocéntricos, porque a nadie le gusta crearse dificultades en sus relaciones con los demás, así como tampoco que los demás creen dificultades en sus relaciones con nosotros.

Todo esfuerzo de promoción de uno mismo se interpreta por lo general como un acto de arrogancia o de excesiva consideración por la importancia y la grandeza propias. No es mi intención sugerir que las actitudes y conductas pomposas sean positivas. Toda manifestación de arrogancia es indeseable desde cualquier punto de vista y debe ser desalentada. Sin embargo, quizá en el fondo se trata de un problema de percepción.

Estoy convencido de que la mayoría de las personas supuestamente arrogantes no lo son en absoluto. La mayoría de las personas que parecen arrogantes en realidad son inseguras, y pretenden ocultar su verdadera identidad tanto de sí mismos como de las personas que las rodean haciendo uso de la máscara de la arrogancia. Sus esfuerzos por convencer a los demás —y también a sí mismos— de que son personas versadas, capaces y valiosas suelen basarse en convicciones insinceras o irracionales. De ahí que el disfraz de la arrogancia les resulte tan necesario.

Sin embargo, siempre es posible hallar un punto de equilibrio entre una autoestima débil y una actitud arrogante. Esto puede lograrse mediante una aceptación de sí mismo que sea al mismo tiempo honesta, sincera y bien fundamentada.

La aceptación de sí mismo es producto de una autorevisión realista, del esfuerzo por ser congruente con los valores propios, del desarrollo y mantenimiento de un sistema de apoyo, del establecimiento de metas realistas y del empeño puesto en mantener constructivamente una actitud firme. Todos estos elementos suponen asimismo la capacidad de perdonar.

Junto con la aceptación de que los seres humanos cometemos errores debe venir el elemento del perdón, tanto para los demás como para uno mismo.

Si no somos capaces de perdonar a los demás, acumularemos en nosotros mismos tantos resentimientos, tantas molestias y tantas otras emociones negativas que terminará por sernos imposible aceptarnos a nosotros mismos. Dudo que a alguien pueda agradarle convertirse en un depósito de resentimientos y furias. Lo grave del resentimiento es que mientras devora a la persona que lo experimenta, suele pasar completamente desapercibido para la persona que lo produce.

"Junto con la aceptación de que los seres humanos cometemos errores debe venir el elemento del perdón, tanto para los demás como para uno mismo."

Aun así, lo más difícil no es perdonar a los demás, sino perdonarnos a nosotros mismos.

La idea de que el perdón sólo es propio de Dios —tal como queda asentado en la expresión "perdonar es divino"— es una noción equivocada. La religión nos enseña que Dios perdona los pecados, contexto en el que cabe afirmar que el perdón es uno más de los atributos de la divinidad. No obstante, en lo que se refiere específicamente a nuestra conducta como seres humanos, hemos de reconocer que si no fuera por nuestra capacidad de perdonar, viviríamos sumergidos en los más espantosos rencores. Nuestros rencores contra los demás producen resentimientos, tal como lo señalamos líneas atrás, en tanto que los rencores contra nosotros mismos sólo destruirían todos los cimientos sobre los que pretendemos desarrollar una identidad positiva. El deterioro que el rencor puede causarnos termina por convertirse en una verdadera desgracia, pues destruirá todas nuestras esperanzas de desarrollo y autoaceptación.

La clave de nuestro propio crecimiento reside nada menos que en la aceptación de nosotros mismos. Si somos capaces de aceptarnos tal como somos, desarrollaremos una adecuada conciencia de nosotros mismos y adquiriremos la capacidad de perdonarnos, capacidad que sólo obtendremos si nos esforzamos por comprender el lugar que ocupamos en la vida.

Por el solo hecho de serlo, todo hombre y toda mujer son parte importante de este mundo. Somos seres pensantes y sensibles. Somos elementos de desarrollo y catalizadores de cambios. La mayoría de los seres humanos nunca dejamos de luchar por alcanzar el progreso y el éxito. Estos esfuerzos son extraordinariamente positivos, a menos de que nos obstinemos en la incapacidad de perdonarnos a nosotros mismos cada vez que nos desviamos de nuestro camino.

Sólo si fuéramos perfectos, todas nuestras tentativas culminarían en éxitos garantizados. Sin embargo, la perfección quizá sólo exista en el cielo. Tal vez Dios sea perfecto; en lo que respecta a los hombres, bien sabemos que no lo somos. El hecho de aceptar que no somos perfectos nos obliga a aceptar también que somos susceptibles de cometer errores. Si en realidad aceptamos que los errores son parte de la vida, todo deseo de progresar implica necesariamente la capacidad de perdonar.

Creo que en la medida en que crecemos y nos vamos convirtiendo en adultos plenos y capaces, al mismo tiempo vamos adquiriendo una manera de ver las cosas que nos permite perdonar los errores de los demás. Perdonamos a nuestros amigos cuando decepcionan nuestras expectativas y esperanzas; perdonamos a nuestros hijos cuando su comportamiento nos disgusta. Sabemos que cometieron un error, pero los amamos. Olvidamos el incidente y seguimos adelante.

¿Qué tan a menudo nos decimos a nosotros mismos: "Sé que cometí un error pero mi amor por mí sigue en pie"? Me temo que no muy frecuentemente.

Somos nuestros críticos más terribles. Lo que aceptamos y perdonamos en los demás no lo aceptamos ni perdonamos tan fácilmente en nosotros mismos. Les permitimos a los demás que cometan errores, pero no nos lo permitimos a nosotros.

Cuando cometemos errores minúsculos —como olvidar pasar a recoger nuestra ropa de la tintorería o llegar tarde a una cita—, ¿admitimos que hemos cometido un error y nos mostramos dispuestos a perdonarnos? Generalmente no. Lo que solemos hacer más bien es reprochárnoslo. A veces también a los demás, pero con mayor frecuencia a nosotros mismos, nos decimos: ¿Cómo puedo ser tan idiota? ¡Se me olvidó pasar a la tintorería!" o "¡Ya llevo media hora de retraso! ¡Van a pensar que soy un estúpido!"

Aunque lo que más nos preocupa en este momento es no haber recordado pasar a la tintorería o ya no disponer del tiempo suficiente para el recorrido que tenemos que hacer hacia el lugar de nuestro compromiso, adicionalmente nos hacemos daño acusándonos de lo que hicimos en lugar de aceptarlo y perdonarnos. Actuamos entonces como el padre o la madre que afligen a su hijo enfatizando sus errores y rehusándose a perdonarlos.

El hecho de que nos echemos en cara nuestros errores y fracasos constituye la peor de las actitudes de reproche que podemos adpotar para con nosotros mismos. ("¿Cómo puedo ser tan tonto?", "Soy muy olvidadizo", "Soy un idiota", "Siempre he de hacer mal las cosas", "¿Nunca voy a aprender?", "No sirvo para nada".) Se trata ciertamente de una forma de autocastigarnos. No nos servimos del reproche contra nosotros mismos como formas de arrepentimiento que nos permitan perdonarnos al tiempo que nos mostramos inclementes con nuestro proceder. Todo se reduce a hacernos reproches. Nos desestimamos. Quizá creemos que nos resulta benéfico señalarnos nuestros errores de esta manera, pero lo cierto es que en vez de ayudarnos, este procedimiento supone que nos estamos castigando por el solo hecho de ser humanos.

Debemos ponerles fin a nuestros reproches. Una vez que lo conseguimos, podemos hacer uso de afirmaciones positivas, las cuales son muy eficaces para contrarrestar los efectos que en nosotros ha tenido durante años nuestra negativa actitud de reprochárnoslo todo. Los programas de fortalecimiento personal se han servido favorablemente de "tareas de autoafirmación positiva" que suponen decirse a sí mismo desde cosas tan simples como "Soy una buena persona" hasta declaraciones tan universales como "Cada día soy mejor en todo". (Es interesante hacer notar que esta afirmación se le atribuye a Emile Coué, 1857-1926. Se trata de la fórmula que utilizaba en sus curaciones de fe en su sanatorio de Nancy, Francia.) Nuestro ser se fortalece si le transmitimos permanentemente mensajes positivos; se hace más independiente y consolida su identidad, ya que reforzamos nuestra convicción de que poseemos valores y somos capaces de las mejores cosas, así como de que estamos dispuestos a perdonarnos nuestros errores. Esta es justamente la manera en que funciona la auténtica aceptación de nosotros mismos como seres humanos.

Entre las cosas que nos dificultan perdonarnos destacan las presiones que la sociedad ejerce sobre nosotros. La tendencia a exigir perfección está muy generalizada, aun a sabiendas de que es incanzable. Esta insensata forma de pensar no hace sino confundirnos y condenarnos a actitudes derrotistas, y quizá está en el origen del concepto de la codependencia. Se trata ciertamente del punto de partida de muchos comportamientos equivocados, ya que se deriva del deseo de alcanzar algo que sabemos que no obtendremos jamás. Este podría ser el ejemplo más elocuente del establecimiento de metas irreales.

A fin de combatir la ilusión de alcanzar lo inalcanzable, podemos aplicar a nuestra propia conducta el concepto del tiempo y el espacio. La mayoría de nuestros errores no son intencionados. Nuestro comportamiento es producto de la mejor información de que disponemos en un momento dado, así como de nuestras mejores intenciones. Las más de las veces no nos percatamos de que hemos cometido un error hasta pasado un tiempo luego de la realización de nuestras acciones. Podemos saberlo entonces porque para ese momento contamos ya con nueva información, o simplemente porque habíamos previsto tales o cuales circunstancias que a la hora de la verdad estuvieron en desacuerdo con nuestras expectativas. Así, nos damos cuenta de nuestros errores luego de una mirada retrospectiva a lo que hemos hecho. Por supuesto que si entonces hubiéramos sabido lo que ahora sabemos, no habríamos tropezado. Siendo así, ¿por qué ha de resultarnos tan difícil perdonarnos y aceptarnos?

Es verdad que en ocasiones disponemos de la información que necesitamos, la analizamos con todo detalle y decidimos actuar en una manera que resulta equivocada. También en estos casos debemos ser capaces de perdonarnos de comprender que simplemente estamos expuestos a la posibilidad de tomar decisiones erradas. Es preciso que aprendamos a derivar enseñanzas de estas experiencias, que constituyen en realidad la base en la que debemos sustentarnos y a partir de la cual hemos de emprender la marcha.

El primer paso hacia la correcta aceptación de nuestros errores consiste en saber quién determina que tal o cual conductas han sido equivocadas. ¿Quién es quien nos critica? ¿Nuestro crítico tiene razón? Independientemente de que el juez sea un amigo, un colega, un jefe o un maestro, como bien puede ser que tenga la razón, también puede ser que esté equivocado. Una vez identificada la persona que juzga errado nuestro comportamiento, el segundo paso que debemos dar es evaluar con toda honestidad si tiene o no razón.

Si usted determina que la persona que lo ha criticado no tiene la razón, hágaselo saber con firmeza, y aun agradézcale el interés mostrado por usted. Si bien este procedimiento se aplica a todas las personas que lo rodean, es también de enorme utilidad en el trato con usted mismo.

Si habiéndolo analizado honestamente, determina que la crítica ha sido correcta, asúmalo así, piense en ella y decida qué hacer con esa nueva información. Quizá ello le sirva para fijarse metas más realistas y para hacer cambios que le permitan utilizar la crítica en favor de su desarrollo.

Uno de los elementos primordiales en el manejo de las críticas es el de aplicar honesta y adecuadamente el propio juicio a fin de determinar su pertinencia e importancia. Estoy convencido de que la mejor manera de reaccionar ante las críticas de los demás es la de interpretarlas en su justa dimensión, sin desdeñarlas ni exagerarlas.

Lamentablemente, lo más común es que una vez aceptada la crítica, y ya sea que se le haya juzgado adecuada o no, tendemos a aferrarnos a ella. La meditamos, le damos vueltas y terminamos por magnificarla y por permitir que escape a nuestro control. De esta manera no conseguimos otra cosa que obstinarnos en el lado negativo de la crítica, lo cual afecta inevitablemente a nuestra personalidad.

Este aspecto también tiene que ver con el perdón. El motivo de que tendamos a enfatizar la crítica no es otro que nuestra incapacidad, aparente o real, de perdonarnos a nosotros mismos.

Debemos darnos alientos a nosotros mismos

Una vez dicho y hecho todo lo necesario, lo que verdaderamente importa es advertir los aspectos *positivos* de los errores y de la crítica. Debemos aceptar las críticas del mismo modo en que aceptamos nuestros errores, y convertir a unas y otros en instrumentos de evaluación de la energía que nos transmiten, de manera que aprendamos de ellos y nos sirvan tanto para efectuar los cambios adecuados como para seguir adelante.

La *séptima clave* para afianzar nuestros valores personales y una autoestima positiva consiste en realidad en una prolongación de la aceptación constructiva de críticas y errores: *dése siempre oportunidades de estímulo.*

Quizá piense que decirse a sí mismo "Buen trabajo" o "¡Lo hiciste realmente muy bien! es una muestra de vanidad o arrogancia, pero de ser así está muy equivocado. Lo cierto es que todas las manifestaciones de estímulo propio son esenciales para reconocer su valía y para mantener en pie su motivación. El elogio de sí mismo es una reacción merecida cuando se basa en una evaluación honesta del desempeño o la conducta propios. Una pequeña alabanza en favor de usted mismo cuando verdaderamente se la merece, ya sea que haya conseguido un magno éxito o un logro pequeño, constituirá siempre un fundamento sólido y una magnífica aportación para su desarrollo.

Tan importante como es hacerles saber nuestras metas a los demás y buscar apoyo y ayuda entre los miembros de nuestro sistema de apoyo personal, también lo es comunicarles nuestros aciertos. De ninguna manera correrá usted el riesgo de que se le acuse de arrogante, pues previamente ha contribuido al mejor curso de sus relaciones y desarrollado un grado de confianza que le garantiza que hacerles saber sus éxitos a los demás será más bien un motivo de reconocimiento.

Lo más importante es que usted se dé nuevos estímulos, pero comunicarles sus éxitos a los demás favorecerá en usted la consolidación de una identidad positiva. De cualquier forma, de nueva cuenta le recomiendo que sea muy cuidadoso en la elección de la persona a la que habrá de confiarle sus pensamientos. Si acierta a dar con una persona confiable a la cual comunicarle sus logros, estará dando un paso muy importante hacia el pleno reconocimiento de su valor como ser humano y hacia la aceptación de éste como una realidad irrefutable.

Las siete claves para afianzar sus valores personales y una autoestima positiva

1. Haga una *revisión realista de usted mismo*

2. Sea congruente con sus *valores personales.*

3. Desarrolle y mantenga un sólido *sistema de apoyo* personal.

4. Propóngase *metas* realistas.

5. Sea *firme*.

6. Acéptese tal como es (aprenda a *perdonarse*), y

7. Dése siempre oportunidades de *estímulo*.

Estos elementos clave para el establecimiento y consolidación de firmes valores personales y de una autoestima positiva no son necesariamente sucesivos. Cada quién debe establecer con ellos la relación que mejor le funcione, adaptarlos a su estilo de vida y servirse de ellos en la forma en que más le convenga, utilizándolos como herramientas para salir adelante en la vida.

Empiece ahora mismo a elaborar su revisión, a conocer y desarrollar sus valores, a formar su sistema de apoyo, a fijarse metas realistas, a mostrarse firme, a aceptarse tal como es y a darse aliento para seguir su marcha. Todas y cada una de estas siete claves están a su alcance desde este momento.

Empiece de una vez. Hágalo ya.

Este proceso no termina nunca. Empieza en este momento y durará toda su vida.

Las claves están ahora en sus manos. Sírvase de ellas para afianzar sus valores y para desarrollar una autoestima positiva. De hacerlo así, se ofrecerá a sí mismo:

Aliento

Aceptación

Bases de desarrollo

La recompensa que obtendrá a cambio será una enorme satisfacción personal, una sensación de realización y felicidad, un reconocimiento honroso de sus responsabilidades personales y la confirmación de que usted es tanto un miembro productivo de la comunidad como un ser humano muy valioso y con la capacidad de cumplir con su destino.

Disfrute de su identidad como ser humano. ¡Embárquese en su autoestima!

Epílogo

Acaba usted de concluir la lectura de un libro de desarrollo personal que lo coloca en el punto de partida de un nuevo comienzo. Está usted listo para partir. Dispone ya de las herramientas necesarias:

Ya está listo para darse cuenta y mantenerse consciente de sus posibilidades y limitaciones.

Ya ha identificado sus valores con toda claridad, y se ha comprometido a apegarse a ellos.

Cuenta ya con un sistema de apoyo, y se halla preparado para fortalecerlo.

Sabe que sus necesidades son importantes, y ha tomado la decisión de ser franco y directo cuando se trate de exponerlas.

Ha tomado conciencia de que es un ser humano, y que como tal puede cometer errores. Al mismo tiempo, sabe que los errores son motivos de aprendizaje y pueden ser perdonados. Ahora sabe cómo perdonarse a sí mismo y a los demás.

Ya puede permitirse elogiarse a sí mismo por los logros alcanzados y correr toda clase de riesgos, porque sabe que están plenamente justificados ya sea que triunfe o fracase.

Parecería que se estuviera permitiendo ser terriblemente egoísta, pero lo cierto es que ahora posee un mejor conocimiento tanto de usted mismo como de la realidad. Sabe que este libro le ha dado el poder de la responsabilidad personal y de la confianza en sí mismo, de sólidos valores personales y de una autoestima positiva.

Ahora sabe también que no está solo, que el mundo en el que vive no le pertenece exclusivamente a usted. Todos formamos parte de un mundo muy amplio, de un medio precioso e irremplazable que compartimos con todos los demás. Esto quiere decir que, si bien estrictamente suyas, sus posibilidades y limitaciones deben ser vistas en el enorme contexto de la humanidad: en relación con su familia, sus amigos, las personas que lo rodean y la sociedad en su conjunto.

Su sistema de apoyo funciona en buena medida gracias a que ha establecido con los demás relaciones constructivas. Respeta tanto las necesidades de los otros como las suyas propias. Es capaz de perdonar a los demás y de perdonarse a sí mismo; de reconocer los esfuerzos y aciertos de los demás tanto como los suyos.

Incluso sus valores nucleares básicos existen en el contexto del amplio mundo en el que se desenvuelve. Los valores puramente egoístas son irresponsables. Los valores verdaderamente responsables son aquellos que implican la aceptación de la diversidad de ideas, opiniones y preferencias. Los valores responsables le otorgan a usted la flexibilidad esencial para enfrentar los desafíos del conflicto y el cambio.

Los valores que implican una responsabilidad con la sociedad —aquellos que moderan nuestras necesidades y deseos en función de los deseos y las necesidades de los demás— le ofrecen la oportunidad de desarrollar al máximo su responsabilidad personal. No hay autoestima sin responsabilidad personal; no hay responsabilidad personal sin equilibro. El equilibrio provisto por la responsabilidad personal es el que nos permite eririgir la autoestima.

Cabe la posibilidad de que se abuse de las siete claves para el afianzamiento de los valores personales y de una autoestima positiva. No faltará quien se sienta tentado a llevar estas claves hasta el extremo, a fin de justificar su egoísmo y arrogancia. Si la meta que usted se ha propuesto conseguir en la vida es la de triunfar y salirse con la suya a toda costa, quizá pueda alcanzarla. Pero lo hará a cambio de un alto precio: nunca se sentirá orgulloso ni plenamente realizado. Se lo aseguro.

Estar consciente del *equilibrio* —el conocimiento y la aceptación de que vivimos en relación con un medio humano y de que debemos contribuir por igual al desarrollo de ese medio y de nosotros mismos lo llevará infaliblemente a su más plena realización personal.

El equilibrio aporta el combustible para la regeneración de la energía que necesitamos a fin de no dejar de superarnos nunca.

Conozca este equilibrio. Incorpórelo a su vida. Tenga confianza en él. Concédale la importancia que se merece.

Está usted listo. Se halla en el camino correcto.

¡Embárquese en su autoestima!

Apéndice

Ejercicio de Bombardeo

PRIMER PASO	Tome una pluma, varias hojas de papel y un reloj.
SEGUNDO PASO	Instálese en un lugar tranquilo. Póngase cómodo.
TERCER PASO	Piense en todo aquello que dijo o hizo en la última semana y que le hizo sentirse *bien*.
CUARTO PASO	Dése cinco (5) minutos y ¡ADELANTE! Escriba todo lo que se le ocurrió en el Tercer Paso.
QUINTO PASO	Concluidos los cinco minutos, DETEN-GASE.

SEXTO PASO

Hágase las siguientes preguntas:

¿Me sorprende algo de lo que escribí?

¿Cómo me sentí en la realización de este ejercicio?

EL EJERCICIO DE BOMBARDEO le da la oportunidad de percatarse del poder que posee y de que hay cosas que ha estado haciendo muy bien.

Repítalo cuantas veces sea necesario.

Bibliografía

Brooks, D. David y Dalby Rex, *The Self-Esteem Repair and Maintenance Manual* REDA Press, Long Beach, California, 1992.

Browne, Harry, *How I Found Freedom in an Unfree World*. MacMillan Publishing, Nueva York, 1973.

Chaney, Casey, *Pardon My Dust... I'm Remodeling*. Mocha Publishing, Beaverton, Oregon, 1990.

Coopersmith, Stanley, *The Antecedents of Self-Esteem*, W. H. Freeman, San Francisco CA, 1967.

Dauw, Dean, *Increasing Your Self-Esteem*, Waveland Press Inc., Prospect Heights, Oregon, 1980.

Jeffers, Susan, *Feel the Fear and Do It Anyway*. Fawcett Columbine, Nueva York, 1987.

Johnson, Helen, *How Do I Love Me?*, Sheffield Publishing Company, Salem, Oregon, 2a. edición, 1986.

McKay, Matthew y Patrick Fanning, *Self-Esteem*, New Haringer Publications, Oakland, California, 1988.

Peele, Stanton, *How Much is Too Much*, Prentice-Hall, Inc., Englewood Cliffs, Nueva Jersey, 1981.

Satir, Virginia, *Peoplemaking*, Science Behavoir Books, Palo Alto, California, 1972.

Simon, Sidney, *Vultures*, Argus Communications, Allen, Texas, 1977.

Silverstein, Lee, *Consider the Alternative*, Compcare Publications, Mineápolis, Minnesota, 1980.

Simmermacher, Donald, *Self-Image Modification*, Health Communications, Inc., Deerfield Beach, Florida, 1989.

ACERCA DEL AUTOR

Rob Solomon nació en Winnipeg, Canadá, donde obtuvo su licenciatura en psicología y donde trabajo como asesor de un programa de tratamiento de depedencia de sustancias químicas. Luego de haber realizado su maestría en la Universidad de North Dakota, se estableció en el Medio Oeste de Estados Unidos, donde siguió ejerciendo como consultor.

En 1983 se trasladó a la costa noroeste del Pacífico para dirigir un programa de educación y tratamiento de la dependencia de sustancias químicas. Después de haberse dedicado durante seis años a la supervisión clínica y la administración del programa, se entregó de tiempo completo a la práctica privada.

En calidad de consultor profesional, atiende a un sinnúmero de pacientes y dedica parte de su tiempo a la conducción de talleres y programas educativos para los grupos más diversos. Es profesor de varias universidades de la costa noroeste del Pacífico en Estados Unidos.

Su despacho, Rob Solomon Consulting, tiene su sede en Beaverton, Oregon, ciudad en la que vive en compañía de su esposa y sus dos hijos.

Impreso en:
Edicupes, S.A.
Av. San Lorenzo 251
Col. San Nicolás Tolentino
09850 México, D.F.
1000 ejemplares
México, D.F., Mayo, 1994